中国地质调查"DD20160060"项目资助

特殊地质地貌区填图方法指南丛书

高山峡谷区 1 ： 50000 填图方法指南

辜平阳　　陈锐明　　胡健民　　陈　虹　著
查显锋　　庄玉军　　胡朝斌　　李培庆

科 学 出 版 社
北　京

内 容 简 介

本书是在国家经济社会发展对矿产资源状况调查、地质灾害评价、生态环境保护、关键地质问题解决等方面提出更高要求的前提下，基于试点项目成果编写而成。本书内容分为两部分，第一部分根据高山峡谷区（基岩裸露区）基本地质地貌特征，简要介绍了1∶50000高山峡谷区填图的目标任务、工作程序及工作部署等，详细论述了遥感、地球物理、地球化学等在高山峡谷区填图过程中的使用方法，以及沉积岩、岩浆岩、变质岩、构造、矿产等野外地质调查有效技术方法组合。第二部分阐述了在有效技术方法选择基础上的应用效果，包括沉积岩区填图单位划分及地层系统的建立、岩浆岩区填图单位厘定及属性研究、构造变形期次划分及变形序列的建立，以及矿化点、矿点、矿体的发现与查证等内容。实践表明不同属性地质实体所采用的技术方法体系具有有效性、适用性和实用性，可为高海拔、深切割区填图提供借鉴。

本书可供在高山峡谷区从事区域地质、矿产地质、环境地质、灾害地质等相关工作的专业人员参考。

图书在版编目（CIP）数据

高山峡谷区1∶50000填图方法指南 / 辜平阳等著 . —北京：科学出版社，2018.6

（特殊地质地貌区填图方法指南丛书）

ISBN 978-7-03-056189-3

Ⅰ.①高⋯ Ⅱ.①辜⋯ Ⅲ.①青藏高原-地质填图-指南 Ⅳ.① P623-62

中国版本图书馆CIP数据核字（2017）第321263号

责任编辑：王 运 陈娇娇 / 责任校对：贾娜娜
责任印制：肖 兴 / 封面设计：李姗姗

科学出版社 出版

北京东黄城根北街16号
邮政编码：100717
http://www.sciencep.com

北京汇瑞嘉合文化发展有限公司 印刷
科学出版社发行 各地新华书店经销

*

2018年6月第 一 版 开本：787×1092 1/16
2018年6月第一次印刷 印张：9 1/4
字数：220 000

定价：118.00元

（如有印装质量问题，我社负责调换）

《特殊地质地貌区填图方法指南丛书》
指导委员会

《特殊地质地貌区填图方法指南丛书》
编辑委员会

丛 书 序

目前，我国已基本完成陆域可测地区1：20万、1：25万区域地质调查、重要经济区和成矿带1：50000区域地质调查，形成了一套完整的地质填图技术标准规范，为推进区域地质调查工作做出了历史性贡献。近年来，地质调查工作由传统的供给驱动型转变为需求驱动型，地质找矿、灾害防治、环境保护、工程建设等专业领域对地质填图成果的服务能力提出了新的要求。但是，利用传统的填图方法或借助传统交通工具难以开展地质调查的特殊地质地貌区（森林草原、戈壁荒漠、湿地沼泽、黄土覆盖区、新构造-活动构造发育区、岩溶区、高山峡谷、海岸带等）是矿产资源富集、自然环境脆弱、科学问题交汇、经济活动活跃的地区，调查研究程度相对较低，不能完全满足经济社会发展和生态文明建设的迫切需求。因此，在我国经济新常态下，区域地质调查领域、方式和方法的转变，正成为地质行业一项迫在眉睫的任务；同时，提高地质填图成果多尺度、多层次和多目标的服务能力，也是现代地质调查工作支撑服务国家重大发展战略和自然资源中心工作的必然要求。

在中国地质调查局基础调查部指导下，经过一年多的研究论证和精心部署，"特殊地区地质填图工程"于2014年正式启动，由中国地质科学院地质力学研究所组织实施。该工程的目标是本着精准服务的新理念、新职责、新目标，聚焦国家重大需求，革新区调填图思路，拓展我国区域地质调查领域；按照需求导向、目标导向，针对不同类型特殊地质地貌区的基本特征和分布区域，围绕国家重要能源资源接替基地、丝绸之路经济带、东部T型经济带（沿海经济带和长江经济带）等重大战略，在不同类型的特殊地区进行1：50000地质填图试点，统筹部署地质调查工作，融合多学科、多手段，探索不同类型特殊地质地貌区填图技术方法，逐渐形成适合不同类型特殊地质地貌区填图工作指南与规范，引领我国区域地质调查工作由基岩裸露区向特殊地质地貌区转移，创新地质填图成果表达方式，探讨形成面对多目标的服务成果。该工程一方面在工作内容和服务对象上进行深度调整，从解决国家重大资源环境科学问题出发，加强资源、环境、重要经济区等综合地质调查，注重人类活动与地球系统之间的相互作用和相互影响，积极拓展服务领域；另一方面，全方位地融合现代科技手段，探索地质调查新模式，创新成果表达内容和方式，提高服务的质量和效率。

工程所设各试点项目由中国地质调查局大区地质调查中心、研究所及高等院校承担，经过4年的艰苦努力，特殊地区地质填图工程下设项目如期完成预设目标任务。在项目执行过程中同时开展多项中外合作填图项目，充分借鉴国外经验，探索出一套符合我国地质背景的特殊地区填图方法，促进填图质量稳步提升。《特殊地质地貌区填图方法指南丛书》是经全国相关领域著名专家和编辑委员会反复讨论和修改，在各试点项目调查和研究成果的基础上编写而成。全书分 10 册，内容包括戈壁荒漠覆盖区、长三角平原区、高山峡谷区、森林沼泽覆盖区、山前盆地覆盖区、南方强风化层覆盖区、岩溶区、黄土覆盖区、新构造－活动构造发育区等不同类型特殊地质地貌区 1 ：50000 填图方法指南及特殊地质地貌区填图技术方法指南。每个分册主要阐述了在这种地质地貌区开展 1 ：50000 地质填图的目标任务、工作流程、技术路线、技术方法及填图实践成果等，形成了一套特殊地质地貌区区域地质调查技术标准规范和填图技术方法体系。

这套丛书是在中国地质调查局基础调查部领导下，由中国地质科学院地质力学研究所组织实施，中国地质调查局有关直属单位、高等院校、地方地质调查机构的地调、科研与教学人员花费几年艰苦努力、探索总结完成的，对今后一段时间我国基础地质调查工作具有重要的指导意义和参考价值。在此，我向所有为这套丛书付出心血的人员表示衷心的祝贺！

李廷栋

2018 年 6 月 20 日

前　言

　　21世纪以来，地质调查工作由传统的供给驱动型转变为需求驱动型，地质找矿、灾害防治、环境保护、工程建设等专业领域对地质填图工作提出了新的要求。目前，我国已基本完成陆域可测地区1∶200000、1∶250000区域地质调查，重要经济区和成矿带1∶50000区域地质调查，形成了一套完整的地质填图技术标准规范，为推进区域地质调查做出了历史性贡献。近年来，我国积极借鉴美国、加拿大、澳大利亚等发达国家的成功经验，开展多尺度、多层次和多目标的地质填图示范，探索适合我国地质特点的区域地质调查新方法。随着国家经济的发展，资源环境状况调查、地质灾害评价、生态环境保护、关键地质矿产问题解决等重大需求增加，1∶50000地质填图工作必须拓展到高山峡谷、森林草原、戈壁荒漠、湖泊沼泽等利用传统的填图方法或借助传统交通工具难以开展地质调查的特殊地质地貌区。

　　"特殊地质地貌区填图试点"项目于2014年正式启动，其目的是在不同类型特殊地质地貌区开展区域地质填图试点，创新现代填图理论及方法，探索适合特殊地质地貌区特征和现代探测技术的填图方法。高山峡谷区是特殊地质地貌类型区之一，在我国西北、西南地区广泛分布，地质调查人员难以到达，导致基础科学研究程度一般较低，但往往是矿产资源富集、科学问题交汇、地质灾害频发、自然环境脆弱、重大工程建设的地区。因此，开展高山峡谷区填图试点，探索适用于高海拔、深切割区填图技术方法体系，形成面对多目标的服务成果，可为国家能源、矿产资源及地质环境发展提供基础地质支撑。同时，通过多学科多手段相结合的方法也能解决一些长期未被人们认识的重大地质科学问题，引领高山峡谷区地质理论及科技创新。

　　"新疆1∶50000喀伊车山口等3幅高山峡谷区填图试点"项目由中国地质科学院地质力学研究所组织实施，中国地质调查局西安地质调查中心承担。项目周期为2014～2016年，2015年隶属"特殊地区地质填图工程"，2016年划归"西北主要成矿带地质矿产调查工程"。

　　《高山峡谷区1∶50000填图方法指南》是在"新疆1∶50000喀伊车山口等3幅高山峡谷区填图试点"项目的基础上，吸取国内外同类地区填图经验、方法编写而成。本书主要介绍遥感、地球物理、地球化学等在高山峡谷区填图过程中的使用方法，以及在有效技术方法选择基础上的填图实践。实践表明，不同属性地质实体所采用的技术方法体系具有有效性、适用性和实用性，在通行条件受限的情况下，地质图达到1∶50000填图精度，为高海拔、深切割区填图提供借鉴。本书分为两部分：第一部分为高山峡谷区1∶50000

填图技术方法,分为七章;第二部分为新疆 1 ：50000 喀伊车山口等 3 幅高山峡谷区填图实践,分为六章。其中,第一章至第七章由辜平阳、陈锐明、胡健民、陈虹、庄玉军编写;第八章、第九章由辜平阳、陈锐明编写;第十章由陈锐明、辜平阳编写;第十一章由胡朝斌、辜平阳、李培庆编写;第十二章由查显锋、辜平阳、陈锐明编写;第十三章由庄玉军、辜平阳、李培庆编写;全书最后由辜平阳、陈锐明定稿。

自试点项目开始至本指南编写完成过程中得到中国地质调查局、中国地质科学院地质力学研究所、中国地质调查局西安地质调查中心各级领导和专家的大力支持和帮助;中国地质调查局西安地质调查中心李荣社教授级高级工程师、计文化研究员、校培喜教授级高级工程师、王永和教授级高级工程师、李建星教授级高级工程师、李建强教授级高级工程师、杨敏高级工程师,中国地质科学院地质力学研究所李振宏副研究员、梁霞副研究员全程指导项目实施,并为本指南的编写提出了许多宝贵的意见和建议,在此一并表示衷心的感谢!

由于“新疆 1 ：50000 喀伊车山口等 3 幅高山峡谷区填图试点”项目位于新疆乌什北国界线附近,部分技术方法难以实施,加上作者水平有限,不足之处敬请相关专家批评指正。

作 者

2017 年 12 月

目　　录

第一部分　高山峡谷区 1：50000 填图技术方法

第一章 绪 论

第一节 高山峡谷区定义与基本特征

本指南所提及的高山峡谷区是指海拔高（大于 2500m）、切割深度大（大于 1000m）、基岩裸露较好、难以开展地质工作的地区或无人区。在我国高山峡谷区主要分布于天山中西部、青藏高原北部和东部地区（图 1-1），穿越条件极差，大部分地区人员难以到达。

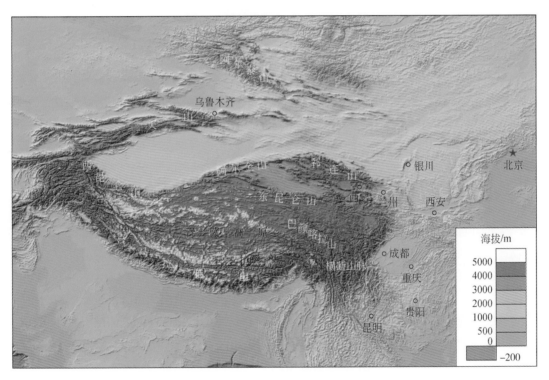

图 1-1 调查区高山峡谷区分布图

高山峡谷区可进入性较差，地质矿产调查研究程度低，在西南天山、西昆仑－阿尔金、东昆仑、巴颜喀拉山等地区表现尤为突出。目前上述地区基本完成中小比例尺区域地质调查及重要成矿带部分地区中大比例尺填图工作，但地层系统、岩浆岩序列和构造格架的建立、制约找矿的重大基础地质问题的解决、大规模地质灾害的诱因等仍需进一步探索研究。

高山峡谷区地质构造复杂，岩浆作用频繁，往往是成矿的有利地段，如西昆仑造山带位于兴都库什－帕米尔－昆仑晚古生代弧形成矿带东翼，地质构造复杂，岩浆活动频繁，成矿地质构造条件优越。据不完全统计，西昆仑地区已知矿床、矿点、矿化点近千处，已形成铅、锌、铜、铁等矿产资源勘查开发基地。此外，高山峡谷区生态环境脆弱、水文条件复杂多变、地形地貌切割强烈、地质构造复杂等因素导致滑坡、泥石流、崩塌等地质灾害频发。例如，青藏高原东缘是"南北地震带"的重要组成部分，地震诱发不同规模的地质灾害，破坏各类建筑设施，危及人民财产及生命安全。

第二节　填图目标任务、基本准则及工作程序

一、目标任务

1∶50000 高山峡谷区区域地质调查是一项基础性、公益性、探索性的基础地质工作。目标任务是在充分收集利用已有地质、遥感、地球物理、地球化学等资料的基础上，充分发挥遥感技术在高山峡谷区填图工作中的先导作用，提高区域地质调查的科技含量、质量与效率。利用不同光谱分辨率、空间分辨率及时间分辨率的遥感数据，开展岩性、构造解译及矿化信息提取。结合测区地形地貌条件和地质特点，选择有效的技术方法组合，查明区内地层、岩石、构造等基本特征及成矿地质背景。在减少野外路线调查和剖面测制工作量的情况下，达到地质填图精度，创新成果表达方式，形成面对多目标的服务成果。

二、基本准则

（1）以地球系统科学和先进的地学理论为指导，发挥遥感技术的先导作用，结合地球物理、地球化学等有效技术方法，提高高山峡谷区地质研究程度和填图质量。

（2）在优先考虑国家重大战略、生态文明建设、经济社会发展需求的基础上，在重点成矿区带、生态环境脆弱、地质灾害频发的地区部署地质填图项目。按照地质地貌单元的完整性和地质条件的相似性划分片区，分析存在的主要地质矿产问题，进行总体规划。可采用国际分幅的单幅或多幅（一般为 2～4 幅）填制，项目工作周期一般为 3 年。

（3）不同地质条件、工作环境、研究程度、地质矿产问题的调查区，其工作重点、工作内容、成果表达等要有所侧重和区别。根据服务对象的需要，设计有关地质图产品，创新成果表达方式，形成面对多目标的服务成果。

（4）充分利用已有的地质、物探、化探等资料，运用行之有效的新技术、新方法，加强预研究工作，提高调查的针对性和解决问题的有效性。遵循在通行条件较好的地区开展方法实验，布置地质调查路线和剖面，有针对性地投入工作量，不平均使用工作精度。在保证安全的前提下，力求以最少的经济投入，取得最好的调查效果。

（5）地质调查与科学研究相结合，关键基础地质问题解决和重大应用需求应开展专题研究，提高图幅研究水平和服务能力。

（6）根据工作任务和所涉及的专业技术内容等组织队伍，项目人员组成要专业齐全、结构合理，应包括地层古生物、岩石、构造、物探、化探、矿产等技术骨干，特别注重遥感技术人员的配置，并保持人员稳定。

三、工作程序

高山峡谷区填图一般遵循项目立项、资料收集和预研究、野外踏勘、设计编审、野外地质调查、资料整理和野外验收、综合研究和成果编审、资料汇交等工作程序。根据填图过程中工作侧重点不同，可将填图过程划分为三个阶段，即预研究与设计阶段、野外填图与施工阶段、综合研究与成果出版阶段。

预研究与设计阶段：人员队伍组织；对区域已有地质地貌、地质矿产、水工环、古环境与古气候、遥感、物探、化探及钻探等资料收集、整理和处理，建立数据库；确定工作区内重要地质、环境及应用问题；开展野外踏勘、试填图和技术方法试验，建立填图单元和选择针对不同地质调查目标的有效方法技术组合；编制形成设计地质图或预研究成果地质图，使之成为工作部署的重要依据；完成设计编审。

野外填图与施工阶段：野外地表地质地貌调查，相关环境地质调查及重要气候事件地质记录调查；开展物探、化探及钻探施工和经过批准的必要的槽探；进行野外调查与施工资料整理及综合研究；完成样品采集与分析测试；完成实际材料图及野外地质图；完成质量检查野外原始资料与数据库的野外验收。

综合研究与成果出版阶段：室内资料综合整理、成果总结提升，完成成果地质图及区域地质调查报告编写、成果图件编制、成果验收、原始资料及成果数据库验收与汇交、成果发布、成果出版等。

第二章　资料收集、分析整理与野外踏勘

第一节　资料收集

一、地形资料

（1）1∶50000 地质图的地理底图采用国家测绘地理信息局出版的 1∶50000 地形图或国家基础地理信息中心提供的 1∶50000 矢量化地形图（数据）。野外工作底图（野外数据采集手图）采用符合精度要求的 1∶25000（矢量化）地形图。

（2）调查区若无 1∶25000 比例尺地形图，可采用 1∶50000 地形图按有关规定放大编制成 1∶25000（矢量化）地形图（数据），并搜集补充有关道路等基础设施资料，作为野外工作底图，并报请上级主管单位审批后使用。

（3）如调查区无 1∶50000 比例尺地形图，可选用年代最新、拍摄时冰雪覆盖程度最低、无云层遮盖的高分辨率遥感数据，编制成正射图像，补充经纬网和有关地名，作为野外工作底图，并报请上级主管单位审批后使用。

（4）1∶50000 地质图地理底图编绘按照中国地质调查局相关技术要求执行。

二、遥感资料

遥感信息具有宏观性、综合性、周期性、翔实性、客观性和时空变化多层性的特点。因而，遥感地质解译是地质填图过程中重要的手段之一，也是高山峡谷区（基岩裸露区）地质调查的主要技术方法。在区域地质调查中，应用遥感技术经历了从黑白航空相片发展到广泛应用多平台、多传感器采集遥感信息的过程。随着传感器探测能力、质量、品种和分辨率的提高，可供遥感地质应用的遥感数据越来越多，应用领域也不断扩大。遥感数据的处理、解译、成果也逐步向数字化和自动化方向发展。在区域地质调查过程中，已形成了以航天遥感数据利用为主，地面高分辨率航空遥感数据为重要补充的技术格局。

（1）收集资料前应系统地了解各类遥感数据的波谱区间、空间分辨率、光谱分辨率、时间分辨率等技术参数（表 2-1），以便最大限度地利用遥感数据，提取地质要素信息。空间分辨率、光谱分辨率为图像优选的主要依据，时间分辨率在植被、冰雪覆盖区具有重要意义。

表 2-1　不同分辨率卫星主要参数

卫星	ETM	ASTER	SPOT5	SPOT6	QuickBird	GeoEye-1	WorldView-2	WorldView-3
轨道高度/km	705	705	822	695	450	684	770	617
扫描带宽/km	185		60	单景	16.5	15.2	16.4	13.1
空间分辨率/m	30	15	多光谱: 10, 全色: 2.5	多光谱: 6, 全色: 1.5	多光谱: 2.44, 全色: 0.61	多光谱: 1.64, 全色: 0.41	多光谱: 1.84, 全色: 0.46	8谱段多光谱: 1.2, 全色: 0.31
光谱范围/nm	蓝: 450～515 绿: 525～605 红: 630～690 近红外: 750～900 全色: 520～900 短波红外: 1550～1750 热红外: 10400～12500 近红外: 2090～2350	可见光~近红外 1: 520～650 2: 630～690 3N: 780～860 3B: 780～860 短波红外 4: 1600～1700 5: 2145～2185 6: 2185～2225 7: 2235～2285 8: 2295～2365 9: 2360～2430 热红外 10: 8125～8475 11: 8475～8825 12: 8925～9275 13: 10250～10950 14: 10950～11650	绿: 490～610 红: 610～680 近红外: 780～890 短波红外: 1580～1750 全色: 450～690	蓝: 450～520 绿: 530～590 红: 620～690 近红外: 760～890 全色: 450～750	蓝: 450～520 绿: 520～600 红: 630～790 近红外: 760～900 全色: 450～900	蓝: 450～510 绿: 510～580 红: 655～690 近红外: 780～920 全色: 450～800	海岸: 400～450 蓝: 450～510 绿: 510～580 黄: 585～625 红: 630～690 红边: 705～745 近红外1: 770～895 近红外2: 860～1040 全色: 450～800	海岸: 400～450 蓝: 450～510 绿: 510～580 黄: 585～625 红: 630～690 红边: 705～745 近红外1: 770～895 近红外2: 860～1040 SWIR-1: 1195～1225 SWIR-2: 1550～1590 SWIR-3: 1640～1680 SWIR-4: 1710～1750 SWIR-5: 2145～2185 SWIR-6: 2185～2225 SWIR-7: 2235～2285 SWIR-8: 2295～2365

（2）原始的遥感图像通常有少量的条带、噪声和云层覆盖。噪声和条带表现为灰度级记录错误或数据丢失，以及来自传感器接收或发射信号时的故障。用这样的图像制作影像地图会影响图像解译的清晰度和可靠性，必须对其进行相关处理，以提高信息的可识别性。数据收集前应检查数据的质量，云、雾分布面积一般应小于图面的 5%，图像的斑点、噪声、坏带等应尽量少。

（3）根据调查区地质地貌特征及实际需求收集遥感数据。岩性、构造解译以收集空间分辨率高的遥感数据为主，如 SPOT5、SPOT6、QuickBird、GeoEye-1、WorldView-2、WorldView-3 等。

（4）结合调查区地质地貌特征和现实条件，在岩性、构造复杂或成矿有利地段，收集星载高光谱 Hyperion 数据或 Hymap 机载成像光谱数据进行高光谱遥感矿物填图和岩性识别。

（5）在找矿远景区需系统提取矿化蚀变信息和与成矿关系密切的矿化蚀变信息异常，圈定遥感找矿靶区，为研究成矿地质背景与成矿地质条件提供资料。矿化蚀变信息提取以多光谱和高光谱数据为主。目前主要收集多光谱 ASTER 数据开展矿化蚀变信息提取，现实条件允许的情况下可收集高光谱遥感数据。

（6）选定的遥感数据需经过预处理、几何纠正、图像增强、数字镶嵌等过程，制作遥感影像图。1 ：50000 地质填图需采用 1 ：25000 遥感图像作为野外数据采集的背景图层。根据需求选择不同波段制作假彩色图像，波段之间配准误差应在 0.20nm 以下。相邻景图像之间应有不小于图像宽度 4% 的重叠。为了保持整幅图像色调的一致和协调，应尽量选用图像获取季节相近的图像，且尽量保证图像信息丰富、影像清晰、反差适中、色调均匀。

三、地球物理资料

地球物理资料是深部地质信息的重要来源，能够揭示地下一定深度的地质结构及地质体的展布特征。区域地质调查中，区域性物探资料主要用于区域性构造、深部构造，以及较大的地质体边界的分析解释等。局部性、矿区及异常区的物探资料主要用于异常的查证和指导找矿等。高山峡谷区大部分地区人员难以到达，地球物理资料的使用（特别是航空重力和航空磁测，以下分别简称航重和航磁）也是填图的重要手段之一。

（1）详细收集调查区内最新地球物理资料，如航磁、航重等资料。结合区域地质调查资料，推断深部地质体的物质组成、结构构造等特征，提取隐伏地质体的地球物理信息。

（2）对收集到的地球物理资料应按现行有关规范要求进行整理和综合评述。

（3）在分析不同比例尺、不同精度地球物理资料的基础上，根据需要编制各种相应比例尺的地球物理基础图件，如航重异常图、航磁异常图等。在综合研究、解释、推断的基础上，编制推断解释图件。

（4）针对找矿远景区取得的 1 ：50000 高精度磁测和重力等资料应进行系统的数据处理和分析解释。对高精度重力和高精度磁测数据一般要进行滤波、位场转换、解析延拓、局部异常的求取等数据处理。通过对大比例尺物探数据处理和对场源空间特征分析，结合区域地质矿产特征，系统地推断控矿构造、岩体或标志层等。

（5）根据各种地质体（包括矿体）之间的物性差异、规模和分布情况，建立基于地质、矿产解释的解译标志；利用解译标志，结合野外实地调查，编制合理反映区域地质矿产特征的解译图件。

四、地球化学资料

区域化探资料主要应用于地质找矿，也是区域地质调查工作的重要信息源之一。高山峡谷区通行条件较差，导致化探资料往往精度较低，可利用程度相对较差。

（1）全面收集和研究调查区区域地球化学、矿区地球化学（化探）及异常查证等资料，分析调查区主要地质体的含矿类型。

（2）对于化探原始资料应进行方法技术质量评估，以达到正确利用的目的。

（3）分析研究化探异常分布规律、元素组合规律及与物探异常关联对比等，结合异常区地质背景和成矿条件，以及地表矿（化）点、蚀变带空间分布特征等，对化探异常进行查证、定性解释和分类排序，提出进一步开展矿产调查工作的建议。

（4）系统收集整理测区重砂资料，在开展重砂矿物共生组合、标型矿物特征、有用矿物的含量和空间分布规律等综合研究的基础上，分析重矿物来源，排除非矿异常，确定致矿异常特征和标志。

五、地质矿产资料

区域地质矿产调查资料、实物资料、科研资料及各类测试数据是最系统、全面的基础地质资料，也是区域地质调查、地质图件编制的基础，突出前人对测区地层、构造、岩石和矿产的基本认识和地质事实依据。

（1）系统收集调查区已有区域地质、矿产地质、综合或专项调查报告、专著及科研论文等，梳理调查区存在的地质矿产问题，为科学地制定工作方法及技术路线奠定基础。

（2）尽可能收集调查区已有的各种实物资料，如岩石标本、矿物标本、化石标本、各类岩石薄片等。分类建立各种实物资料分析鉴定结果数据库，对不同时期形成的资料，进行全面的对比分析和综合研究。

（3）收集调查区已有样品测试成果，在对其采样位置、测试方法、测试精度、测试单位全面了解的基础上，进行质量评估后合理利用。

（4）尽可能收集与本图幅调查相关的各种地学数据库资料，如1：200000、1：250000地质图空间数据库，全国矿产资源潜力评价完成的成矿地质背景和成矿预测数据库、1：200000和1：50000水文地质图空间数据库、基础地质灾害调查数据库、全国矿产地数据库、全国重砂数据库、全国同位素地质测年数据库等。

第二节　资料分析整理

一、资料分析整理的目的

资料收集整理后，应对收集的资料进行综合分析，总结已有工作成果，明确调查区工作需求和存在的主要地质矿产问题，确定资料可利用程度和工作重点。借鉴国内外遥感数据处理和应用的最新方法，结合区域地质背景和地形地貌特征，创新遥感数据融合方式、提高遥感技术方法的针对性和解决问题的有效性，根据需要编制基础图件和专题图件，为设计编写和工作部署提供依据。

二、资料分析整理的内容和要求

（1）学习借鉴国内外高山峡谷区遥感数据处理和应用的最新方法，研究适合工作区地质背景和地形地貌特征的数据处理方式，提高遥感技术方法的针对性和解决问题的有效性。例如，不同空间分辨率和光谱分辨率遥感数据的融合方式、同一遥感数据最佳波段组合方法等。

（2）结合测区已有的地质矿产资料，初步筛选主要遥感数据类型，对遥感数据进行初步岩性、构造解译和矿化信息提取，编制遥感地质解译草图、遥感影像单元图（以影像单元为单位的图件）和蚀变信息提取图件，指导野外踏勘和设计。

（3）对地球物理资料进行处理和分析解释，对高精度重力和高精度磁测数据进行滤波、位场转换、解析延拓、局部异常的求取等数据处理。通过对大比例尺物探数据的处理和对场源空间特征的分析，结合区域地质矿产特征，系统地推断构造、岩体、矿产或标志层。根据需要编制 1 ： 50000 地球物理基础图件和推断解释成果草图。

（4）研究区内各种地质体及各类岩石中元素组合、分配、分布和主要统计参数及元素的空间分带性等。分析各种伴生元素的分布、分配及统计值。研究区域地球化学异常的元素组合、浓集系数、衬度、面积等，划分异常等级和类型，研究其空间分布规律。根据需要，编制 1 ： 50000 地球化学图件和推断解释成果草图。

（5）综合地质、遥感、地球物理、地球化学等研究成果，梳理重点工作内容，初步明确拟采用的技术路线和技术方法，针对地质体的分布和属性、调查精度和可靠性及可能存在的问题等，制定野外踏勘工作方案。

（6）分图幅初步建立资料数据库，包括收集的各类资料、数据和编制的各类图件等。

第三节　野外踏勘

一、野外踏勘的目的

设计书编写之前应进行野外踏勘。从整体上对各地质实体组成、时空展布、叠置关系、地质建造类型、复杂程度等进行概略了解，在工作区对前人填图单位的划分、已取得的地质矿产成果等初步验证和修正，分析存在的主要地质问题。初步建立遥感解译标志及填图单位，进一步确定主体遥感解译数据类型。初步掌握区域自然地理、地形地貌、通行条件、人文经济等，从整体上了解调查区地质概况和工作条件，选定野外调查期间的主要工作基站，明确野外调查的工作重点和工作内容。

二、野外踏勘内容和要求

（1）针对不同类型地质体及构造，选择可穿越的沟谷进行路线踏勘。踏勘路线选择应以穿越地质体最多、地质构造复杂的路线为主。原则上每幅图应有 1～2 条贯穿全图幅的踏勘路线，若工作区穿越性很差，可在邻区相同构造层位或者构造分区进行踏勘。初步建立调查区填图单位，并采集必要的岩矿样品进行鉴定和测试分析。

（2）踏勘路线应尽量布置在影像单元（以特征色彩组合或地形地貌、水系类型、影纹结构等影像特征展示出的可分影像标志体）发育齐全的地段。若交通不便或无法到达，可分段选线进行单元控制，以达到每个影像单元至少 1 条踏勘路线控制，模糊影像单元至少 2 条踏勘路线控制，主要线带影像单元均需有点和线的控制。查明影像单元与沉积岩、火山‐沉积岩、火山岩、侵入岩、变质岩、构造等之间的对应关系、差异规律等。

（3）依据通行条件，野外踏勘以能穿越代表性矿化带、蚀变带、构造带的路线为主。重点地段原则上应进行全面踏勘，适当采集具有代表性的岩矿标本，进行必要的岩矿鉴定或快速分析测试，了解矿化特征和成矿地质背景。

（4）对调查区已知的、不同类型的矿化线索，依据通行条件选择其中代表性的矿化线索进行实地踏勘。详细了解矿化特征、成矿地质背景、工作程度及以往矿产地质调查工作中存在的问题等。

（5）踏勘过程中，对区内人文、地理、气候、交通等方面进行适当了解，为年度工作安排和整体工作部署提供依据。

（6）在对现有资料综合分析研究的基础上，结合实地踏勘，进行遥感二次解译，完善遥感解译标志。分析不同填图单位的岩石类型、岩石组合及构造变形特征等，梳理调查区存在的主要地质矿产问题。

三、设计地质图、遥感解译图编制与完善

在预研究的基础上，基于已有的各种地质调查资料，初步梳理测区地质填图单元，结合遥感解译，编制设计地质图或预研究成果地质图。根据调查区岩石、岩石组合、构造、矿化等基本特征，开展遥感图像二次解译，重新编制或者修编遥感解译图像。设计地质图或预研究成果地质图是填图工作部署的重要依据。

第三章 技术路线及技术方法

第一节 技术路线

一、基本思路

1：50000 高山峡谷区地质填图主要是通过遥感等技术方法、地表地质调查和验证等填制地质图及专题图件，配合使用物探、化探等手段查明工作区岩石、地层、构造、地质结构及矿化蚀变等基本特征，解决地质体的时代属性、构造属性等基础地质问题，形成面对多目标的服务成果，为矿产勘查、水文、环境、灾害地质提供基础地质资料，为国家能源资源保障工程、生态文明建设、经济社会发展等提供科学依据。基本思路为：高山峡谷区填图以地球系统科学观点和先进的地质理论为指导，充分发挥遥感技术在高山峡谷区填图工作中的先导作用，利用多源大比例尺遥感数据，在高山峡谷区开展岩性、构造解译及矿化信息提取，综合利用物探、化探等资料，分析区域地质背景，圈定遥感找矿靶区，提高图幅整体调查水平和研究效果。查明区内地层、岩浆岩、变质岩、构造等的基本特征，合理划分填图单位，重建区内地层系统、岩浆岩序列和构造格架，加强测区成矿地质背景调查研究，为矿产资源勘查评价提供依据。

二、总体技术路线

总体技术路线：以板块构造、大陆动力学、沉积学等地学理论为指导，学习国内外高山峡谷区填图新思路、新方法，在充分收集利用前人资料的基础上，采用 3S 等技术，充分发挥遥感技术在填图工作中的先导作用，开展填图技术方法实验。选择有效技术方法或者技术方法组合，合理划分调查区填图单位，注重矿化线索发现和成矿规律总结，填绘高质量的 1：50000 地质图，提高区域地质调查的成果质量，为区域重大地质问题解决及地质找矿提供支撑。采用遥感先行，有效技术方法促进地质填图，关键地段重点解剖的技术路线。抓住技术方法合理适用、填图精度符合要求、成果表达客观创新三个关键点进行突破。具体技术路线如图 3-1 所示。

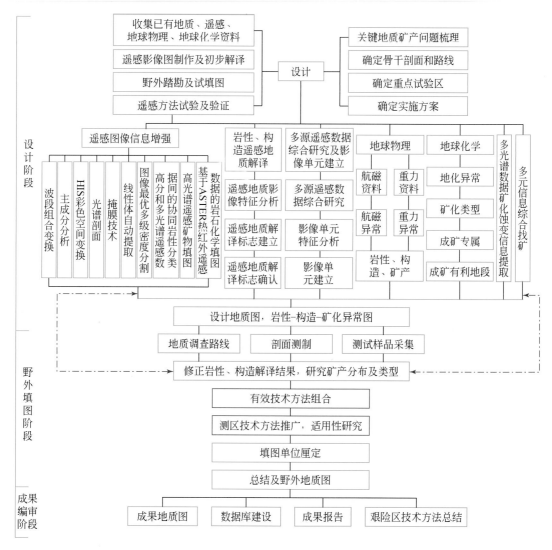

图 3-1 高山峡谷区地质调查技术路线图

第二节 技 术 方 法

一、遥感图像信息增强

选择合适的遥感数据类型及图像处理方式，加大解译图像的信息量，改善图像的视觉效果，突出地质调查所需的信息，提高地质解译程度是高山峡谷区填图的主要技术方法。

（一）不同分辨率遥感数据类型选择及解译效果对比

根据空间分辨率可将遥感卫星分为低分辨率卫星（空间分辨率≥10m）、中分辨率卫星（空间分辨率 1～10m）和高分辨率卫星（空间分辨率≤1m）。目前地质调查中以 TM、ETM、SPOT5 等中低分辨率数据为主开展岩性及构造解译，但其难以满足地质单元和地质构造的细化和区分。随着新型遥感探测技术的发展，高分、高光谱影像数据在岩性解译、构造识别、地质界线追踪、成矿作用研究等方面发挥了重要作用。

1. 低分辨率卫星数据解译效果对比

ETM + 是 Landsat-7 卫星携带的对地观测传感器，它被动接受地面反射的太阳辐射和自身发射的热辐射，具有蓝、红、绿、近红外、短波红外、热红外、近外、全色 8 个波段，空间分辨率为 30m（表 2-1）。但是，在岩性和矿物成分识别非常有效的短波红外和热红外分别仅有 2 个波段（波段 5 和波段 7）和 1 个波段（波段 6），一些重要的岩石类型和矿物在这些图像上难以区分开（图 3-2）。ASTER 是 Terra 卫星上搭载的一个高分辨率多光谱成像仪，具有立体成像功能，提供 3 个光谱区域数据，共 14 个波段，包括 3 个 15m 空间分辨率的可见光—近红外波段、6 个 30m 空间分辨率的短波红外波段，以及 5 个热红外波段（90m 空间分辨率）。与 ETM + 相比，ASTER 在短波红外和热红外波段区域有多个波段，为岩性识别和分类提供了更多的信息（图 3-3），同时 ASTER 数据具有多重分辨率，为融合不同波段数据提供了可能。但上述两种数据由于空间分辨率低，岩性、构造解译程度也相对较低。

图 3-2 新疆乌什北山 ETM+ 遥感数据影像图　图 3-3 新疆乌什北山 ASTER 遥感数据影像图

2. 中分辨率卫星数据

SPOT5 卫星上载有两台高分辨率几何成像装置（HRG），分别为高分辨率立体成像装置（HRS）和宽视域植被探测仪（VGT），空间分辨率最高可达 2.5m，前后成像模式可实时获得立体像对，运营性能得到很大改善，在数据压缩、存储和传输等方面也有显著提高。SPOT6 是 Astrium 公司制造的对地观测卫星，使用 Reference 3D 技术，可获取定位精度达 10m 的自动正射影像，同步采集全色和多光谱影像数据，多光谱空间分辨率为 6m，全色空间分辨率为 1.5m。

由卫星主要参数对比可知（表 2-1），中分辨率 SPOT6 数据较 SPOT5 数据多蓝波段（450～520nm），少短波红外波段（1580～1750nm），全色和多光谱分辨率稍高于 SPOT5。同一地区不同空间分辨率遥感数据岩性解译效果对比图显示，SPOT6 遥感图像植被信息弱，阴影小，对地层展布、岩石类型、构造样式等解译效果明显优于 SPOT5［图 3-4（a）、（b）］，在岩性差异较大的地区 SPOT6 数据可以满足 1 ：50000 填图精度要求，但由于其空间分辨率不高，在岩性差异较小的地区仍无法区分不同岩类。

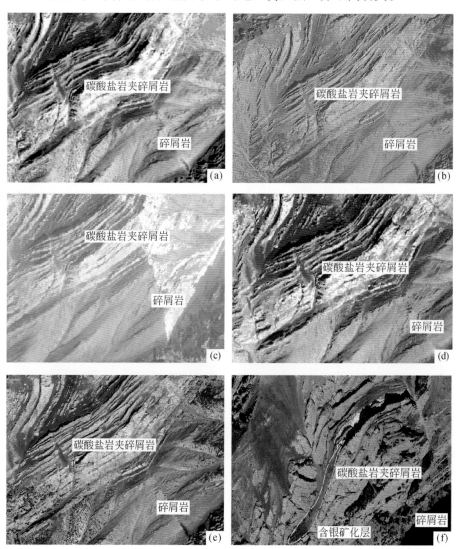

图 3-4 新疆乌什北山同一地区不同空间分辨率遥感数据岩性解译效果对比图

（a）SPOT5 遥感影像图；（b）SPOT6 遥感影像图；（c）GeoEye-1 遥感影像图；（d）QuickBird 遥感影像图；（e）WorldView-2 遥感影像图；（f）WorldView-3 遥感影像局部放大图

3. 高分辨率卫星数据

GeoEye-1 卫星提供 0.41m 全色分辨率和 1.64m 多光谱分辨率影像，还能以 6m 的定位精度确定目标位置。一般情况下，GeoEye 公司提供通用的有理函数模型（RFM）恢复摄影时的物像关系，用户则通常把它作为影像的几何成像模型来对数据进行摄影测量处理，如正射影像纠正、立体测图、DEM 提取等。QuickBird 卫星提供 0.61m 全色分辨率和 2.44m 多光谱分辨率影像，该影像在空间分辨率、多光谱成像、成像幅宽、成像灵活性等方面具有明显的优势。QuickBird 影像的光谱信息非常丰富，多光谱数据与全色数据进行融合可以得到亚米级的多光谱影像数据，这些数据将非常有利于影像判读、特征提取和各种大比例尺专题图的制作与应用。

相对于 GeoEye-1 和 QuickBird 卫星数据，WorldView-2 卫星图像空间分辨率为 1.84m，全色空间分辨率达到 0.46m，除了其他高分辨率卫星（QuickBird、GeoEye、Ikonos 等）具备的 4 个常见的波段外（蓝色波段：450～510nm；绿色波段：510～580nm；红色波段：630～690nm；近红外 1 波段：770～895nm），还提供 4 个彩色波段，主要包括海岸波段（400～450nm）、黄色波段（585～625nm）、红色边缘波段（705～745nm）、近红外 2 波段（860～1040 nm）。WorldView-2 波段分布比较连续，从而能够在此波段范围内增强其光谱分辨能力，保证了较高的光谱辐射精度，并减少了各个波段之间的光谱重叠，有效提高目标解译的准确度。

例如，"新疆 1∶50000 喀伊车山口等 3 幅高山峡谷区填图试点"项目利用 GeoEye-1、QuickBird、WorldView-2 三种高分数据对同一地区岩性进行解译［图 3-4（c）～（e）］，结果显示 WorldView-2 能提供更精确的地质信息。因此，在近于同等条件下可优先选择 WorldView-2 影像数据。但该数据显示的细节性信息过多，增加了信息取舍的难度及宏观地质现象的解译偏差。

WorldView-3 卫星在 WorldView-2 卫星的基础上实现多项性能的提升（提供 0.31m 全色分辨率和 1.2m 多光谱分辨率，还新增了 8 个短波红外谱段，能采集分辨率达 3.7m 的红外图像），可对岩性单元的形态、纹理及岩性层间的空间关系等进行精细的识别。但由于价格昂贵、数据量大、处理困难等，无法大面积普及，目前仅适用于调查区成矿有利地段或者构造、岩性复杂地区的解译。例如，新疆乌什北山地区选用 WorldView-3 卫星数据对前人发现的银矿化层位（变形较强）进行"追索"研究［图 3-4（f）］。

随着卫星数据获取技术的不断发展，国产卫星数据的空间分辨率已经达到米级，如资源一号 02C、高分一号（GF-1）、高分二号（GF-2）。实践表明以上卫星数据分辨率已达到同等空间分辨率国外卫星的水平，在高海拔、深切割区具有很大的应用潜力。其中，资源一号 02C 是根据国土资源部主体业务需求定制的国产高分辨率业务卫星，2011 年 12 月 22 日由"长征四号乙"运载火箭成功发射升空，其提供的原始图像包括两台高分辨率相机（high resolution，HR）拼接的空间分辨率达 2.36m 的全色图像，以及全色多光谱（panchromatic and multispectral，PMS）相机拍摄的 5m 全色图像和 10m 多光谱图像。GF-1 是我国高分系列卫星中首颗考核寿命要求超过 5 年的民用低轨遥感卫星，于 2013 年 4 月 26 日由"长征二号丁"运载火箭成功发射升空，配置有两台空间分辨率为 2m（全色）和 8m 多光谱的高分辨率相机和 4 台空间分辨率为 16m 的多光谱中分辨率宽幅相机。6 台相机相互配合，使 GF-1 具有"高分辨率与大视场相结合，多载荷图像拼接融合应用"的特点。GF-2 卫星于 2014 年 8 月 19 日成功发射，空间分辨率优于 1m，同时还具有高辐射精度、高定位精度和快速姿态机动能力等特点，标志着我国民用遥感卫星进入亚米级的"高分时代"。GF-2 卫星能够提供优于 1m 分辨率的全色图像和优于 4m 分辨率的 4 个波段的多光谱图像，多光谱波段范围为 0.45～0.52μm、0.52～0.59μm、0.63～0.69μm 和 0.77～0.89μm，其星下点幅宽优于 45km，重访周期优于 5 天，影像空间分辨率可达 0.8m。

"新疆 1：50000 喀伊车山口等 3 幅高山峡谷区填图试点"项目利用 GF-1 和 GF-2 卫星数据开展岩性和构造解译，同一地区解译结果显示 GF-2 较 GF-1 可对岩性进行更精细识别（图 3-5、图 3-6），但二者均能满足 1：50000 高山峡谷区填图精度。因此，在同等空间分辨率数据的需求下，可选择上述两种国产卫星数据。

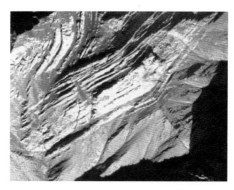 

图 3-5　新疆乌什北山 GF-1 遥感数据影像图　图 3-6　新疆乌什北山 GF-2+Landsat-8 融合影像图

（二）遥感图像增强处理方法

图像增强是人为对图像辐射性质进行干扰，改变原始图像的辐射特征，即改变原始图像的灰度结构关系，加大解译图像的信息量，扩大不同图像特征之间的差异，从而提高图像的解译能力。遥感图像信息增强处理是提取遥感地质信息的前提。

1. 波段组合变换法

波段组合变换法是通过一系列的组合代数运算，得出信息量最为丰富的波段组合方式，达到图像增强的目的，是高山峡谷区（基岩裸露较好区）常用的方法之一。

1）图像数据特征分析法

遥感数据特征分析是图像融合和解译的前提，遥感影像解译的重要依据是地物反映在各波段通道上的像元亮度值，即地物的光谱信息。遥感影像在成像过程中受到传感器、大气状况等因素的影响，往往会产生"同物异谱"和"异物同谱"现象。相同的地物影像常表现出区域差异、季节差异等，不同的传感器其影像光谱也存在差异，对图像融合波段选择和图像解译带来很大的困难（田淑芳和詹骞，2013）。因此，需根据研究区遥感数据各波段亮度值分布范围、均值、标准差及各波段间的相关系数大小等进行最佳波段组合选择。

按照信息量最大的原则选择最佳波段组合成信息量丰富的彩色图像，提高岩性、构造解译程度。波段组合一般遵循两个原则：①波段的标准差，表示各波段像元亮度相对于亮度均值的离散程度，标准差越大波段所包含的信息量越大。②波段之间的相关系数，相关系数越大，各波段所包含的信息之间可能出现大量的重复和冗余；相关系数越小，各波段的图像数据独立性越高，图像质量就越好（孙华等，2006；金剑等，2010）。常用 Chavez（1984）提出的最佳指数（OIF）来表示最佳波段组合，OIF 值越大，相应组合图像的信息量越大。例如，"新疆 1：50000 喀伊车山口等 3 幅高山峡谷区填图试点"项目对 SPOT5 进行图像特征分析，SPOT5 各波段的标准差：Band1>Band2>Band3>Band4；波段间相关系数：Band134> Band124>Band234> Band123，最佳组合指数 OIF（Band234）>OIF（Band134）>OIF（Band124）>OIF（Band123），从而选用 Band234 融合成假彩色图像，有效提高了岩性、构造的解译能力（具体见第十章第二节）。

　　2）比值组合法

　　比值组合法是通过波段比值图像来突出类别和目标信息。比值图像由两个波段或者几个波段组合的对应像元亮度值之比获得，得到的结果可以扩大物体的色调差异，突出构造和岩性特征，消除地形阴影对地物图像特征的影响，区分某些在单波段上容易混淆的岩性（方洪宾等，2002）。例如，新疆托里县科尔巴依－野马井一带区域地质调查项目采用 ETM5/7、ETM3/2、ETM4/3 比值合成假彩色图像区分花岗岩体不同岩相带（图 3-7）。

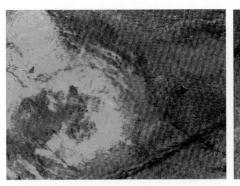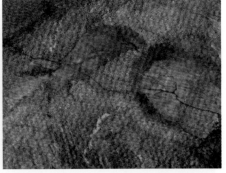

图 3-7　ETM5/7（红）、ETM3/2（绿）、ETM4/3（蓝）比值假彩色合成图像

2. 主成分分析法

　　主成分分析也称主分量分析，旨在利用降维的思想，把多指标转化为少数几个综合指标（即主成分），其中每个主成分都能够反映原始变量的大部分信息，且所含信息互不重复，即对原始多光谱或者多向量图像做空间线性正交变换，产生一组新的成分图像，结果使高维图像降到低维的最佳波段组合，降维处理不损失原图的模式特征信息。新的图像各成分之间各自独立、互不相连，降低了原多光谱图像的相关性，光谱信息更加丰富，提高了图像的空间分解能力及清晰度（方洪宾等，2002）。例如，新疆托里县科尔巴依－野马井一带区域地质调查项目采用 ETM 主成分 PC1（红）、PC2（绿）、PC3（蓝）假彩色合成图像研究岩性、岩性分带及构造空间展布特征（图 3-8）。

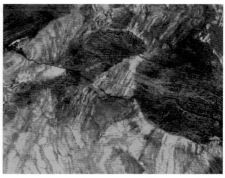

图 3-8 主成分 PC1（红）、PC2（绿）、PC3（蓝）假彩色合成图像

3. HIS 彩色空间变换法

HIS 是在彩色空间中使用色调、亮度和饱和度来表示色彩模式。多光谱图像波段间都存在一定的相关性，较高的相关性导致假彩色合成图像的饱和度过窄，颜色层次少，不利于地质信息提取。通过 HIS 彩色空间变换法可以降低多光谱之间的相关性，提高地物的纹理特征，增强多光谱图像的空间细节表现能力，有助于遥感图像对岩性和构造的识别，但是光谱失真较大。例如，新疆托里县科尔巴依－野马井一带区域地质调查项目利用 HIS 彩色空间变换假彩色合成图像（图 3-9），提高遥感地质解译程度。

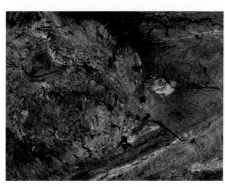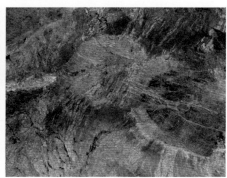

图 3-9 HIS 彩色空间变换假彩色合成图像

4. 光谱剖面法

在地质填图过程中某些特殊岩性、标志层或者特殊地质体对填图单元的划分具有重要意义，当其与背景之间在光谱上是可分的，即与背景之间存在着较少的同谱现象，可用光谱剖面法针对目标地质体进行专题信息提取，从而获得所需的地质信息（方洪宾等，2010）。

（1）对不同且具有代表性的目标体进行光谱采样，如岩石、矿化体／矿体、蚀变带、冰雪、阴影等，通过对比研究不同地物的光谱差异；

（2）分析波谱间变化与相关关系，分别对特征地物建立基于光谱知识的提取模型；

（3）依据建立的模型提取特殊岩性、标志层或者特殊地质体等，研究其时空展布特征，以及与相邻岩性单元的接触关系。

5. 掩膜技术

在岩性、构造解译过程中，目标信息常会受到相邻地物的影响，使得有用信息所占的灰度范围比较小或受干扰光谱影响很大，不利于岩性、构造信息的区分。因此，可利用所确定的干扰物区域图像，采用掩膜方法对待处理图像进行逻辑运算，得到去掉干扰物的图像。同时，对图像进行增强处理，使原图像中的干扰物亮度区间压缩至最小，而有用地物可利用的亮度区间达到最大，达到图像增强的目的。

例如，"新疆 1∶50000 喀伊车山口等 3 幅高山峡谷区填图试点"项目通过对研究区遥感数据波谱图面进行分析，结合信息提取目的，对图像中的云及阴影、第四系、雪、植被、土壤等进行掩膜处理，使原图像中的干扰物亮度区间压缩至最小。通过对 ASTER1/ASTER5 和 ASTER1/ASTER3 值图像进行密度分割确定合适的阈值作为掩膜消除云、阴影、第四系、雪、植被、土壤等影响（图 3-10）。

图 3-10　新疆乌什北山 ASTER 遥感图像（RGB631）

6. 线性体自动提取

线性体主要为呈线状展布的构造、地质体及地貌等，主要为断裂、褶皱轴、脉岩、线状排列的小岩体等，实际中还可能为一些地貌特征，如陡崖、平直的山谷与河流等。利用遥感图像提取线性体，分析区域与局部构造的关系。遥感线性体的提取对选择波段图像要求比较高，图像必须满足信息量大、边缘突出、线性特征明显的要求。通过定量分析，提取图像上边缘点，进行栅格向矢量转换及叠加成图，实现图像线性边缘点的计算机自动识别和提取。通常也采用低通滤波及模拟光照阴影技术突出线性构造，如新疆托里县科尔巴依 - 野马井一带区域地质调查项目通过 PC1（ETM1 ～ ETM7）经 3×3 低通滤波及模拟光照阴影技术突出北东 - 南西向构造（图 3-11），但受地形影响显著。

7. 图像最优多级密度分割

图像最优多级密度分割是将图像的灰度级（最大值到最小值）作为有序量，利用费歇尔准则对图像进行密度分割，使各分割段的段内离差总和最小，段间离差总和最大，进而划分出不同的地物类型。地质数据是按照一定顺序排列的地质变量，采用不同的划分方法对有序的地质变量进行分割，使各分割段的段内离差总和最小、段间离差总和最大的方法

图 3-11　ETM 数据 PC1 经 3×3 低通滤波及模拟光照阴影北东－南西向线理突出

称为最优分割法，利用最优分割法对图像进行分割，对分割后的图像按照灰度级由高到低分别赋以不同的颜色。通常在植被覆盖较弱，基岩广泛裸露的地区进行最优多级密度分割，提取和识别岩性信息。此外，最优多级密度分割在遥感蚀变信息提取中得到较好的应用，选择最大分割段数，做出最优分割段内离差平方总和随分割段数变化的曲线，当分割段数达到一定数目后，曲线趋于平衡，从而获得合理的分割段数。根据合理的分割段数，从强到弱分别赋以红到绿颜色进行彩色分割，从而得到蚀变遥感信息异常分类图。

8. 高分和多光谱遥感数据协同岩性分类

由于遥感成像中瞬时视场的限制，同一传感器难以同时获得高光谱分辨率和高空间分辨率数据。遥感岩性识别中，高空间分辨率遥感数据能较好地探测地表细节信息，对于不同类型岩石、构造及岩性单元之间的接触关系都具有较好的识别能力。在中等分辨率多光谱遥感应用过程中，其短波红外波段数据对岩石、矿物的光谱差异区分比其可见光波段对蚀变矿物的提取、大尺度岩性划分有一定优势。多源遥感数据对岩石、矿物信息识别能力的发展和进步，是各个传感器光谱探测能力和空间探测能力相互影响、相互制约"协同"推动的。因此，实现多源遥感数据的空间分辨率优势和光谱分辨率优势的协同是遥感地质发展的趋势。

TM、Landsat、ASTER 数据光谱分辨率高，但空间分辨率较低，不能满足复杂岩石、矿物信息提取的需要。QuickBird、GeoEye-1、WorldView-2 遥感数据虽具有高的空间分辨率，但其光谱分辨率低，缺少短波红外（SWIR），波谱范围相对较窄。为了弥补不同分辨率卫星数据的不足，可将高分和多光谱数据进行协同处理，以提高地质解译的精度和效率。

例如，"新疆 1 ： 50000 喀伊车山口等 3 幅高山峡谷区填图试点"项目为了验证技术方法的有效性，尝试将新疆若羌白山地区 WorldView-2 和 Landsat-8 数据进行协同。两种数据在光谱分辨率、空间分辨率、时间分辨率及辐射分辨率方面均有所差异。WorldView-2 数据全色空间分辨率为 0.46m，多光谱空间分辨率为 2.0m，能较好地探测地表细节信息；Landsat-8 数据全色空间分辨率为 15m，可见光、近红外和短波红外分辨率均为 30m，对于地表有一定出露规模，均质性较好的地质体，能充分发挥其识别能力，但因受到混合像元影响，对较大比例尺的矿物填图和构造识别具有一定的不确定性，难以监测到地表细微结构信息。从 WorldView-2、Landsat-8 数据波谱范围对比可以看出（图 3-12），在可见光—近红外波谱范围内，WorldView-2 数据波段范围连续分布，基本上实现该波谱范围内波谱全覆盖，平均波段宽度为 50nm，光谱分辨率高。Landsat-8 除红、绿、蓝波段外，还有一个深蓝波段和一个近红外波段，平均波段宽度也为 50nm。Landsat-8 虽在此波段范围内波段覆盖范围没有 WorldView-2 数据大，且波段不连续，但在岩性和矿物识别非常有效的短波红外和热红外区域，Landsat-8 数据较 WorldView-2 数据具有更多的波段。因此，在光谱覆盖范围上，WorldView-2、Landsat-8 数据可实现光谱优势互补。具体方案是将 WorldView-2 可见光—近红外 1～8 波段与 Landsat-8 数据短波红外 6、7 波段进行叠加获 10 个波段的光谱协同数据，如图 3-13 所示。

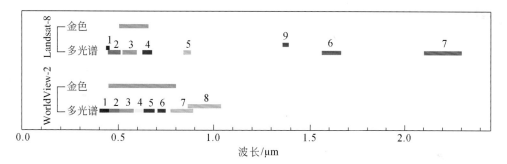

图 3-12　WorldView-2、Landsat-8 数据波谱范围对比（据张斌等，2015）

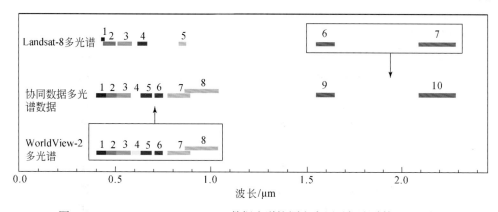

图 3-13　WorldView-2、Landsat-8 数据光谱协同方案图（据张斌等，2015）

解译效果对比显示，单一 WorldView-2 数据影像可解和可分性不强（图 3-14），而 Landsat-8 和 WorldView-2 协同图像中的层型和非层型影像单元间的界线清晰、色率差异更为明显（图 3-15），说明多光谱遥感数据和高分遥感数据间的这种"互补效应"有效提高了光谱反射特征相似岩性的分类和目视解译的精度。

图 3-14 WorldView-2 遥感影像图　　图 3-15 Landsat-8 和 WorldView-2 协同
影像图

9. 高光谱遥感矿物填图

高光谱遥感图像包含丰富的空间、辐射和光谱三重信息，在传统二维图像的基础上增加了光谱维，让遥感技术发生了质的飞跃（孙卫东等，2010；王润生等，2010；毕晓佳等，2012）。高光谱遥感矿物填图主要对矿物的光谱特征和特征谱带分析，使遥感地质由岩性识别发展到单矿物以至矿物的化学成分识别。高光谱矿物种类识别和矿物填图可分为矿物种类识别、矿物丰度识别和矿物化学成分反演三个方面（王润生等，2010）。

（1）矿物种类识别：基本原理是高光谱遥感数据的光谱重建与矿物标准光谱或实测光谱的定量比对分析。从本质上可归纳为以重建光谱与标准光谱相似性度量为基础的光谱匹配方法和以矿物学和矿物光谱知识为基础的智能识别方法两大类型。光谱匹配是将重建光谱与参考光谱相比较，以某种测度函数度量它们之间的相似性或相关程度，从而对矿物进行识别的方法。智能识别方法是以矿物学和矿物光谱知识为基础，选取合适的具有诊断性的光谱特征或具有鉴别能力的光谱参量，结合专家系统方法建立识别规则，对矿物进行识别。王润生等（2010）根据矿物学和矿物分类学的知识，同类、同族的矿物在化学成分、晶体结构和光谱特征上都有不同程度的相似性，提出"高光谱矿物分层谱系识别方法"，该方法从总体上提高了矿物识别的可信度，并提高了处理的自动化水平和批量处理能力，取得了很好的效果。

（2）矿物丰度识别：根据测量光谱的某些特征，定性或定量地反演矿物在地质体中相对含量（丰度）的方法，其定量反演方法主要有基于诊断吸收谱带的深度、光谱混合分解和数理统计方法。研究表明，矿物特征谱带强度与矿物的百分含量基本呈线性相关，利用吸收谱带的强度变化可以近似估计矿物的相对含量；由于岩石光谱是组分矿物光谱的综合反映，而自然界矿物往往有其共生组合规律，混合像元分解在识别特定矿物的共生组合方面更具优势，是目前反演矿物丰度常用的方法。数理统计分析方法最常用的是回归分析和偏最小二乘回归分析，能起到"归一化"或"定标"的作用，在测量和分析大量样品的基础上，可将反演的"相对含量"转化为"真实含量"（王润生等，2010）。

（3）矿物化学成分反演：研究表明，矿物光谱特征与矿物成分、结构的关系变化，以及矿物形成时的温压等条件之间具有一定的相关关系，基于此，可建立一定的反演模型，通过矿物在某一波长附近的谱带位置反演出其成分或结构特征，进而分析其形成的温压条件，判断其成因。

10. 基于 ASTER 热红外遥感数据的岩石化学填图

许多造岩矿物在热红外波段都具有各自的特征光谱，这些特征光谱是利用热红外遥感技术进行矿物分类及识别的基础。已有研究表明，矿物的热红外发射率波谱与矿物化学成分之间存在一定的相关性，而矿物是由一种或多种氧化物组成的，因此可在发射率光谱数据与矿物的氧化物之间建立起某种模拟函数关系（闫柏琨等，2006；陈江和王安建，2007；杨长保等，2009；刘道飞等，2015）。此外，由于热红外发射率光谱具有线性混合特征（Hamilton et al.，2001），可根据单矿物氧化物含量拟合出岩石中的氧化物含量（闫柏琨等，2006）。美国亚利桑那州立大学地质系行星探索实验室建立的 ASU 红外光谱波谱库包含了大量矿物的波谱，并提供了与之对应的矿物氧化物含量数据，这为二者模拟函数的建立提供了大量数据基础。而 ASTER 的 5 个热红外波段的波长范围在 ASU 红外光谱波谱库均可选择出与其对应的（最接近的）波数，因此可针对 ASTER 各种可能的波段比值与矿物氧化物含量进行统计学分析（如相关分析），建立二者之间的统计函数关系，进而根据已获取的 ASTER 热红外遥感数据计算出矿物中的氧化物含量，达到岩石化学填图的目的。

以 SiO_2 为例，陈江和王安建（2007）选取出与 SiO_2 含量相关系数较大的几个 ASTER 的热红外波段比，即 E14/E12（0.49370，相关系数，下同）、E13/E12（0.471548）、E14/E10（0.42359）、E13/E10（0.403759）。为了使这些波段与 SiO_2 含量的相关系数达到最大，重新进行波段组合。经过几种不同的组合试验，得出 E13 × E14/（E10 × E12）为最佳的波段组合，与 SiO_2 含量的相关系数达到 0.49885。运用最小二乘匹配法的对数函数进行数值模拟，其函数为：$SiO_2\% = 28.760503921704 \times \log[\,6.560448646402 \times E13 \times E14/（E10 \times E12）\,]$，这样可以计算 ASTER 热红外遥感数据的发射率波段比值，利用上述公式计算出其相应的 SiO_2 含量。采用类似的方法同样可测出 Na_2O、K_2O、CaO、MgO、Al_2O_3 等氧化物的含量。闫柏琨等（2006）基于 ASTER 热红外遥感数据对东天山黄山东地区 SiO_2 进行了定量反演，并利用地质图对反演结果进行了初步验证。反演结果显示，两个低值区范围与地质图中中基性岩出露范围叠合很好，且反演得出的 SiO_2 含量与各岩类的正常 SiO_2 含量吻合。

事实证明，基于 ASTER 热红外遥感数据的岩石化学填图是可行的，尤其适用于人员无法到达的高山峡谷区填图工作。

二、岩性、构造遥感地质解译

针对信息增强处理后的遥感数据，开展不同空间分辨率、光谱分辨率遥感数据地质解译，为遥感编图奠定基础。

（一）遥感地质解译方法

遥感地质解译一般分为目视地质解译及机助地质解译两种。

1. 目视地质解译

目视地质解译就是研究如何利用遥感图像上的各种色调、形状、影纹及水系等标志，达到解译地质体的目的。在目视地质解译中选用何种解译方法主要由解译任务、图像特点、地质构造复杂程度、解译条件与难易程度等综合因素决定，通常包括直判法、延伸法、对比法、相关分析法、群体分析法等（程三友和许安东，2013）。

1）直判法

直判法是观察和利用地质体的各种综合标志，尤其是反映该地质体的典型影像特征，直接辨认、分析、圈定地质体，即直接通过遥感图像的解译标志，就能确定地质体的存在和属性的方法，对解译标志明显的地质体较为有效。

2）延伸法

延伸法是根据地质体或者构造的时空展布特征、构造变形变位等规律，遵循由已知到未知的原则来延伸推断，圈定地质体或构造。

3）对比法

该方法为地质解译普遍采用的方法，常在下述两种情况时应用：

一是当地质解译不具备典型的解译标志，不能用直接法解译时，可将待解译地质体与已知地质体进行影像对比，分析两者的异同点，来达到识别未知地质体的目的。在遥感地质调查中，将工作区出露的地层与本区或邻区已知影像地层单位进行影像对比，是解译区域岩性、地层行之有效的方法。二是动态对比，对比同地区不同时相的遥感图像，重点分析同一地质体或地物在不同时相图像上的影像差异，从而了解地质体的变化特点和发展趋势。

4）相关分析法

该方法指对不易直观或识别的某些地质现象，通过与其相关的明显标志和内在联系来加以解释，这就需要根据已知的规律性认识地学领域各学科的理论，通过逻辑推理和综合分析来确定推断其地质意义。

5）群体分析法

各类构造形迹常相伴或成群出现，有的则以特定的排列组合形式表现出来。因此，解译时不仅要重视单个构造形迹的识别，还需进行群体分析。实际解译过程中，选择解译方法时要根据具体情况灵活选用。

2. 机助地质解译

机助地质解译是指凭借遥感图像处理软件与目视解译相结合的方法，人机交互地质解译。机助地质解译有两种方式：一是以数字遥感影像为信息源，以各种遥感处理软件为解译平台，根据地质体遥感解译标志，圈定岩性、构造、接触关系等地质现象；二是以遥感影像为背景，叠合各种专题地质图层，结合典型地质体影像特征，进行对比修正解译。

1）熟悉资料

在解译工作之前，首先要熟悉工作区域的有关资料，分析研究前人对区域遥感地质解译成果的合理性、可靠程度，弄清遥感资料能解决的地质问题或已解决及有待解决的地质问题。在遥感解译中，应充分收集利用已有地质、物探、化探等资料进行综合解译分析，有助于提高成果质量。地质、遥感、地球物理、地球化学多元信息的综合研究，在区域上常采用计算机多元信息叠加处理的方式来实现。

2）观察分析

通过了解区域地质背景，将地层、岩石、构造、矿产、地貌等因素的内在联系看成一个整体，由整体到局部进行逻辑性推理判断，区分不同地质体或构造。

3）对比分析

不同遥感数据时间分辨率、空间分辨率、光谱分辨率均不同，各有其主要的应用特色和对象，根据需要或现有条件最大限度地收集不同类型遥感数据，进行综合地质解译，提高地质解译的效率和精度。

4）详细解译

遥感地质解译是一个反复修正的过程，在初步解译的基础上，通过野外检查验证工作后，确定标志的可靠性、代表性等。对于错误的或者代表性不强的解译标志，需要重新进行野外确定，建立影像单元与地质体的对应关系，完善地质解译标志，加以修正定稿。

（二）遥感地质解译标志建立

在遥感图像上，不同地物具有不同的特征，用来区分和识别不同地物或确定其属性的特定影像特征称为遥感地质解译标志。遥感地质解译标志的建立原则：①代表性。解译标志必须是某一或某一类地质体影像标志，可作为区域解译的类比标准。②稳定性。解译标志必须具有一定的规模和相对清晰的边界，且延伸稳定。③重现性。解译标志必须满足同等技术人员解译建立的一致性（方洪宾等，2010）。

按影像特征显示形式可分为色调（彩）、形态、影纹结构、地形地貌、水系类型 5 种（方洪宾等，2010）。

1. 色调（彩）标志

不同地物反射、透射和发射不同数量和波长的能量，在影像上则呈现出深浅不同的黑白色调或不同色调、亮度和饱和度的色彩。色调（彩）是区分不同性质地质体的重要标志，色调（彩）不同，所反映的地质体属性不同，它通常以色斑、色团、色块、色带等特征显示（田淑芳和詹骞，2013）。

（1）黑白图像：按灰阶变化分为黑色、暗灰色、深灰色、灰色、浅灰色、淡灰色、灰白色及白色 8 个级别。

（2）彩色图像：按色谱变化分为淡红色、红色、深红色、淡黄色、黄色、深黄色、淡绿色、绿色、深绿色、淡青色、青色、深青色、浅蓝色、蓝色、深蓝色、紫色、白色、灰色及黑色等基本色彩级别。

2. 形态标志

地质体空间产出的样貌，或在一定条件下的表现形式是区分不同地质体、构造的重要解译标志。通常划分为点、线、面三种形态。

（1）点：按密度分为稀疏点状、密集点状、麻点状、斑点状。

（2）线：按线状形态分为环线状（图 3-16）、直线状（图 3-17）、折线状（图 3-18）、弧线状（图 3-19）等形状。

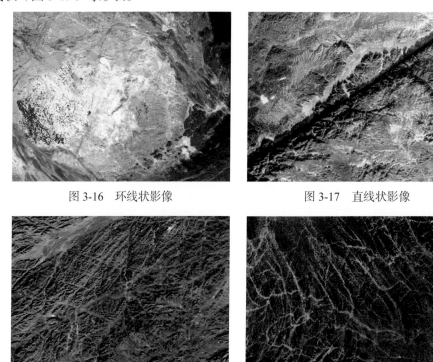

图 3-16　环线状影像　　　　　　　　　图 3-17　直线状影像

图 3-18　折线状影像　　　　　　　　　图 3-19　弧线状影像

（3）面：按形态分为带状（图 3-20）、块状（图 3-21）、脉状（图 3-22）、透镜状（图 3-23）、不规则状等多种形态。

图 3-20　带状影像　　　　　　　　　图 3-21　块状影像

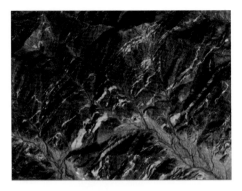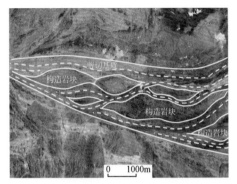

图 3-22　脉状影像　　　　　图 3-23　透镜状影像（据李荣社等，2016）

3. 影纹结构标志

地物的影纹特征又称为"影像结构"和"影纹图案"等。由于地物的千差万别，图像上的影纹也是多种多样的，地物表面不同影纹组成的花纹图案可作为岩石类型细划、构造信息提取与类型划分的重要解译标志。

1）层状影纹

层状影纹是层状岩石或者岩石组合信息的影像表征，主要体现在层理较为发育的沉积岩区。例如，新疆乌什北石炭系层状影纹较为明显（图 3-24）。按组合规律可细分为单层状、互层状等形式。

2）非层状影纹

非层状影纹是层状构造不明显或无层状构造地质体的影像表征，主体反映了除呈层状岩石或者岩石组合之外的类型。例如，青海冷湖北山前寒武纪变质古侵入体表现为非层状影纹特征（图 3-25）。

图 3-24　层状影纹（地层）　　　　　图 3-25　非层状影纹（岩体）

3）环状影纹

环状影纹是空间产出形态呈环状的岩石或者岩石组合的影像显示，如西南天山岩体外接触带形成环状影纹（图 3-26）。

4）圈闭半圈闭影纹

圈闭半圈闭影纹是指相同特征的层状影纹对称分布，呈弧形圈闭或半圈闭状，如褶皱构造，其两翼岩层对称分布。例如，青海阿尔金东段古元古代达肯大坂岩群中的褶皱构造，其两翼变质岩层呈半圈闭影纹特征（图3-27）。

图3-26　侵入岩外接触带形成环状影纹　　　　图3-27　半圈闭影纹

5）其他影纹特征

（1）斑点状。森林、植被所形成的麻点状影纹，点的稀密、大小与植被覆盖程度有关。例如，新疆乌什北山植被在遥感图像上呈麻点状（图3-28）。

（2）斑块状。以不同颜色的斑块影纹图案显示地质体属性的差异。在背景色调（彩）上出现不同色调的块状体（花斑），形状不规则，杂乱分布。例如，青海冷湖北山二叠纪岩体中古元古代达肯大坂岩群捕房体呈斑块状影纹（图3-29）。

（3）网格状。线性影纹互相穿插、切割所构成的影纹结构图形，是多组线状构造或线状地质体相互交切的影像显示，如多组共轭节理在遥感图像上网格状影纹较为明显。

图3-28　植被覆盖形成麻点状影纹　　　　图3-29　不同性质岩体呈斑块状影纹

4. 地形地貌标志

地形地貌是岩性、构造现象解译区分的重要标志，不同的地形地貌反映了地质体、构造属性的不同。

（1）几何形态标志。以几何形态特征显示构造的存在，主要标志形式包括线状负地形、透镜状地质体、网格状脉体、串珠状湖泊等。

（2）构造地貌标志。以地貌形态特征显示褶皱、断层及断陷等构造现象的存在，主要标志形式有陡坎、三角面、弧形山、断块山、断陷盆地等。

（3）地形地貌单元差异。以地貌单元突然变化显示断裂的存在，如平原与山脉之间的分界线等。

5. 水系类型标志

水系类型是指同一水系系统内，各级水道在平面上组成的形态和轮廓。水系的平面形状一般都具有一定的图形，水系类型的划分主要依据这些图像的形状来命名（图3-30）。每种水系都反映了一定的地质构造环境，与岩性、构造、岩层产状和地形有密切的关系。此外，水系对新构造运动反应灵敏，水系的类型、疏密程度、流向等特点受断裂、线性构造的影响和控制比较明显，水系解译也是构造解译的重要技术手段。

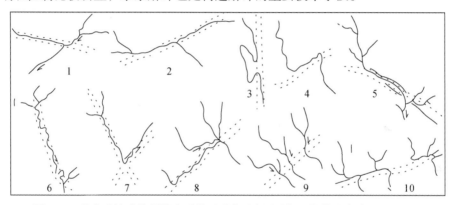

图 3-30　几种受构造控制的水系类型形态示意图（据田淑芳和詹骞，2013）

1. 倒钩河；2. 对口河；3、4. 河道急弯；5. 深直峡谷；6. 深直宽谷；7. 直角转弯；8. 异常汇流；9. 同步潜流（伏流）；

10. 同步转弯

（三）遥感解译标志的确认

（1）室内解译标志建立后，可与以往资料对比，初步确认遥感地质解译标志建立的合理性。

（2）在可通行的地区选择2～3条贯穿各类影像标志的路线，验证解译标志的完整性和正确性，并对遥感解译标志予以确认。

（3）对遥感解译标志存在误差的地质体通过完善、补充和修正后加以确认。

（4）对解译标志完全错误的地质体应重新建立标志。

三、多源遥感数据综合研究及影像单元建立

（一）多源遥感数据综合研究

由于一种类型遥感图像只能反映一个时期、一种分辨率的图像，不同遥感数据的空间

分辨率、波谱分辨率和时间分辨率不同，各有其主要的应用对象和特色，同时又有其实际应用中的局限性，地质调查过程中应结合测区地质特征，将各种遥感数据进行综合解译，借助于各种不同类型传感器的不同波谱通道来获取地物反射和辐射特征的差异来区分不同地物，以达到多种数据源的相互补充、相互印证。

例如，"新疆 1 ： 50000 喀伊车山口等 3 幅高山峡谷区填图试点"项目选用 WorldView-2、SPOT6、WorldView-3 三种数据综合岩性、构造解译。调查区主要岩性为（生物碎屑）灰岩，反射波谱影响因子差异不大。因此，地质调查过程中主体使用 WorldView-2 开展详细的岩性、构造解译及产出状态判定，利用 SPOT6 数据研究岩性地层的空间展布、组合规律、构造样式等。局部岩性、构造复杂的地区采用 WorldView-3 数据，对岩性层间及其空间关系等进行精细的识别（图 3-31）。

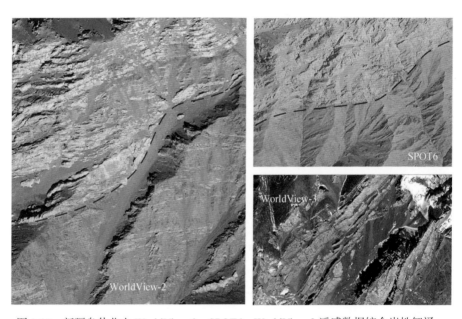

图 3-31　新疆乌什北山 WorldView-2、SPOT6、WorldView-3 遥感数据综合岩性解译

此外，受太阳高度角、卫星轨道及高山峡谷区地形起伏的影响，图像中往往包含阴影，特别是高分数据表现更为明显，从而增加了地物识别、影像配准和图像分割的难度。早期利用阴影区域的亮度值比非阴影区亮度值低的性质，遥感学家提出基于同态滤波的检测方法、多波段检测方法、Otsu 阈值算法和区域统计信息补偿法等消除阴影（Etemadnia and Alsharif，2003；虢建宏等，2006；高贤君等，2012；邓琳等，2015）。然而，这些方法容易将低亮度的地物误检测为阴影或需要阴影区本身特征比较明显才能得到较好的阴影补偿结果。近年来，研究者探索出高分辨率遥感影像阴影检测与补偿优化方法，有效解决了上述问题（邓琳等，2015）。因此，高山峡谷区在填图过程中购买遥感数据时需充分考虑图像的时相，按照阴影检测与补偿优化方法消除阴影。

（二）影像单元建立

影像单元是以特征色彩组合、影像结构、几何图形、地形地貌、水系类型等影像特征展示出的可分影像标志体，称为影像单元（方洪宾等，2002，2010）。

1. 影像单元建立原则

（1）影像单元必须是一个特征影像标志体。

（2）单元特征以一种解译标志为主体显示。

（3）不同单元之间边界清晰，具可解和可分性。

（4）边界可能为色变线、地貌单元分界线或不同影纹结构体变化线等。

（5）影像单元需具有一定的规模和延伸。

（6）影像特征相同的影像体可作为同一个影像单元。

2. 影像单元解译程度

影像单元解译程度是指影像单元解译、建立过程中可分、可解程度，一般划分为高等、中等及低等解译程度三个级别（方洪宾等，2010）。划分的目的是为野外地质踏勘和地质调查路线布置服务，不平均使用工作量，解译程度较高的影像单元投入的工作量相应减少，反之相应增加。

（1）高等解译程度。地质体影像单元特征明显，区域稳定，具一定规模，边界划分准确，具可对比性、可解和可分性，可直接作为填图单元。

（2）中等解译程度。地质体影像单元特征比较明显，具有一定规模，边界具多解性。需要经野外查证方可作为填图单元。

（3）低等解译程度。地质体影像特征复杂，不同性质地质体区分比较困难，为一种混合影像单元区。不能作为填图单元，必须经野外地质调查而确定填图单元归属。

3. 影像单元分级

影像单元分级是指按其信息组合规律从大到小分解为不同等级的影像单元，用来表征地质体属性的内在联系和变化规律。实际划分意义是为填图单位的厘定提供依据。按照常规填图单位的划归级别可将影像单元划分为三级（方洪宾等，2010）。此外，地质填图过程中特殊地质体、标志层常具有标志性影像特征，可作为标志影像单元加以区分。

（1）一级影像单元。其反映的是宏观影像分区。主要基于结构-形态组合差异而建立，如层形、非层形影纹结构。例如，沉积岩、变质岩、岩浆岩区具有完全不同的影像特征。

（2）二级影像单元。该单元是在一级影像单元划分的基础上，依据单一色彩、色带组合、影纹结构组合、特征地形地貌、水系类型影像差异和变化规律特征，为"群"和"组"级填图单位划分的依据。

（3）三级影像单元。该单元为最低级别的影像单元，是二级影像单元的细划，为"段"级填图单位划分的依据。

（4）标志影像单元。该单元指区域延伸稳定，影像特征明显，边界清晰，具有可解性、可填性和可对比性的影像单元，为填图单元、非正式填图单元等建立的标志。

四、地球物理资料研究与利用

由于地球物理手段（如航磁、重力等）往往能够探测到地下一定深度的地质信息，因此多用来研究区域性构造、深部构造、较大地质体边界、隐伏岩体、火山岩等。在高山峡谷区填图过程中，地球物理手段可弥补遥感技术的不足，为地质填图提供深层次的地质依据。但不同的地质体可以有相同的物理场，造成物探异常推断的多解性。

（一）收集、测量、分析、处理岩石磁性、密度等数据

通过收集已有资料或实地岩石露头测量、岩石标本测量获取区内各类岩石的磁化率及密度等数据，分析区内不同地质体的磁性、密度等数据的特征及变化规律，有针对性地选用数据处理方法（以航磁为例，如视磁化率计算、消除斜磁化影响等处理方法）并绘制相应的异常图件。

（二）异常分区及地质解析

根据异常表现出的（正、负）外貌特征、形态、强度、梯度变化，以及它们之间的组合分布特点等，在此基础上完成以下方面地质解析：①推断岩石磁性或密度界面（线），圈定出不同岩性或地层的分布范围，如图 3-32 所示，在北秦岭华阳川一带局部 1：10000 航磁图中可明显圈定出太华岩群（蓝色区域）与华山岩体（红色区域）；②识别隐伏磁性体，并判断其产状特征；③判断线性构造及其相互关系，并根据不同方向线性构造交叉关系和完整清晰程度，推断它们的先后顺序；④筛选异常，指示找矿线索。

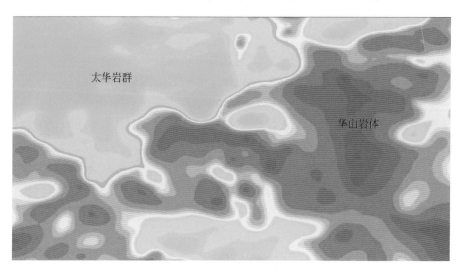

图 3-32　北秦岭华阳川一带局部 1：10000 航磁图

五、地球化学资料研究与利用

地球化学手段可揭示天然物质（如岩石、疏松覆盖物、水系沉积物，以及水、生物与空气）中成矿元素和指示元素的含量、分布、分散和集中等规律，可指导地质找矿或勘探工作。高山峡谷区穿越条件极差，大部分地区人员难以到达，根据少数易到达地区采样点上的资料（特别是水系沉积物地球化学勘查），大概了解难以到达区域（如广大水系中上游区域）的指示元素和成矿元素的含量及其分布特征，在此基础上结合遥感矿化蚀变信息，通过少量路线地质调查与验证来圈定找矿有利地段。

（一）收集、分析、处理地球化学资料

通过收集、分析、处理区内已有的地球化学资料，尽可能获取区内各种地质体及各类岩石中元素组合、分配、分布及主要统计参数；分析区域地球化学异常特征（如元素组合、浓集系数、衬度、面积等），划分异常等级和类型，提取区域最有利的成矿元素，初步研究其空间分布规律。

（二）圈定找矿远景区

结合遥感矿化蚀变信息提取情况及区域成矿地质背景，进一步对比分析，确定最佳成矿区域及地段，并通过少量路线地质调查与验证，圈定找矿远景区和有利地段，为区域成矿地质背景研究及成矿规律总结提供资料支撑。

六、多光谱遥感数据矿化蚀变信息提取

矿化蚀变信息是重要的找矿标志，矿化蚀变岩石和矿物的波谱特征与其他地物的波谱特征有明显差异。因此，遥感矿化蚀变信息提取是最为快捷有效的方法之一。研究认为ASTER、TM/ETM 等多光谱遥感数据可识别的蚀变矿物主要分为三类：①铁的氧化物、氢氧化物和硫酸盐，包括褐铁矿、赤铁矿、针铁矿和黄钾明矾；②羟基矿物，包括黏土矿物和云母；③水合硫酸盐矿物和硫酸盐矿物（田淑芳和詹骞，2013）。

目前，基于 ASTER、TM/ETM 等多光谱遥感数据的矿化蚀变信息定量和半定量提取方面已形成相对完善的技术方法体系，如主成分复合法、光谱角分析法、微量信息处理法、"掩膜＋主成分变换＋分类识别"法、混合像元分解法、基于 TM 波段图像亮度值曲线的双峰特性提取蚀变信息、多层次分离技术法、"多元数据分析＋比值分析＋主成分分析＋分类识别"法、基于光谱特征区间吸收峰值权重的光谱蚀变信息提取法等（赵元洪和张福祥，1991；何国金等；1995；马建文，1997；刘庆生等，1999；张玉君等，2002；张远飞等，2001；罗一英等，2013；张媛等，2015）。近年来，星载、机载高光谱遥感蚀变矿物识别和异常提取方法、模型建立等方面也取得了丰硕的成果，对分析蚀变矿物组合和蚀变

相、定量或半定量估计相对蚀变强度和蚀变矿物含量、圈定矿化蚀变带和找矿靶区等均具有重要作用。然而，目前常用的为波段比值分析法、主成分分析法（科罗斯塔技术）及光谱角分析法。

美国 ETM 数据地面多波段分辨率为 30m，全色波段分辨率为 15m，波段融合后图像分辨率达 15m，是区域地质解译和反映地面景观的良好信息源，能够快速高效地进行区域遥感解译及蚀变信息提取。ASTER 数据与 ETM 数据相比，空间分辨率和光谱分辨率均有较大提高，除设置可见光与红外波段外，还设置有 6 个短波红外波段和 5 个热红外波段（8 ～ 12μm）（图 3-33），短波红外可对氢氧化物、碳酸盐、硫酸盐、含 Al-OH 基团矿物、含 Fe-OH 基团矿物、含 Mg-OH 基团矿物等蚀变矿物进行有效的区分，热红外谱段能够提取硅酸盐类矿物（表 3-1）。统计表明，ASTER 数据采用不同的波段比值可提取不同的蚀变矿物（表 3-2、表 3-3）。

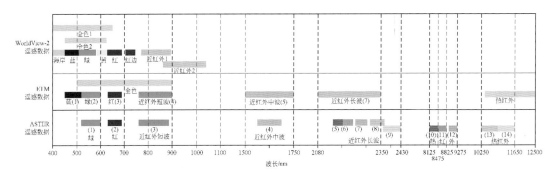

图 3-33　ASTER 数据和 ETM 数据波段对比图

表 3-1　ASTER 数据波谱范围与可识别矿物对照表（据 Taranik，1988）

波段	波长 /μm	可识别矿物
可见光—近红外	0.40 ～ 1.20	Fe、Mn 和 Ni 的氧化物，赤铁矿，镜铁矿
短波红外	1.3 ～ 2.50	氢氧化物、碳酸盐和硫酸盐
	1.47 ～ 1.82	硫酸盐类：明矾石
	2.16 ～ 2.24	含 Al-OH 基团矿物：白云母、高岭石、叶蜡石、蒙脱石、伊利石
	2.24 ～ 2.30	含 Fe-OH 基团矿物：黄钾铁矾、锂皂石
	2.26 ～ 2.32	碳酸盐类：方解石、白云母、菱镁石
	2.30 ～ 2.40	含 Mg-OH 基团矿物：绿泥石、滑石、绿帘石
热红外	8.0 ～ 12.0	硅酸盐类：石英、长石、辉石、橄榄石

表 3-2　ASTER 数据蚀变信息提取比值列表（据田淑芳和詹骞，2013）

项目	红	绿	蓝	参考
植被和可见光波段	3、3/2 或 NDVI	2	1	
铝羟基矿物 / 高级泥化蚀变	5/6	7/6（白云母）	7/5（高岭石）	Hewson（CSIRO）
黏土、闪石、红土	（5×7）/6²（黏土）	6/8（闪石）	4/5（红土）	Bierwith

续表

项目	红	绿	蓝	参考
铁帽，蚀变，围岩	4/2（铁帽）	4/5（蚀变）	5/6（围岩）	Volesky
铁帽，蚀变，围岩	6（铁帽）	2（蚀变）	1（围岩）	
去相关	13	12	10	Bierwith
硅化、碳酸盐化	（11×11）/10/12（硅化）	13/14（碳酸岩化）	12/13（基础）	Nimoyima
硅化、碳酸盐化	（11×11）/（10×12）（硅化）	13/14	12/13	Nimoyima
硅化	11/10	11/12	13/10	CSIRO
填图识别	4/1	3/1	12/14	Abdelsalam
富硫化物地区识别	12	5	3	
识别	4/7	4/1	（2/3）×（4/3）	Sultan
识别	4/7	4/3	2/1	Abrams（USGS）
硅化，二价铁	14/12	（1/2）+（5/3）	MNF变换后的第一波段	Rowan（USGS）
构造信息增强	7	4	3	Rowan（USGS）

表 3-3　ASTER 数据蚀变信息比值法列表（据田淑芳和詹骞，2013）

特征矿物	波段比值方法	备注	参考
含铁矿物			
三价铁离子矿物	2/1		Rowan，CSIRO
二价铁离子矿物	5/3+1/2		Rowan
红土	4/5		Bierwith
铁帽	4/2		Volesky
硅酸盐铁	5/4	同样用于铁氧化物和同一金蚀变	CSIRO
铁氧化物	4/3	可能会有其他矿物混淆	CSIRO
碳酸盐/镁铁质矿物			
碳酸盐矿物/绿泥石/绿帘石	（7+9）/8		Rowan
绿帘石/绿泥石/角闪石	（6+9）/（7+8）	夕卡岩内部	CSIRO
角闪石/镁羟基矿物	（6+9）/8	可能是镁羟基矿物或碳酸盐矿物	Hewson
角闪石	6/8		Bierwith
白云石	（6+8）/7		Rowan，USGS
碳酸盐矿物	13/14	夕卡岩外围（灰色/白云石）	Bierwith，Ninoyima，CSIRO
硅酸盐矿物			
绢云母/白云石/伊利石/蒙脱石	（5+7）/6	绢云母化蚀变	Rowan（USGS）
明矾石/高岭石/叶蜡石	（4+6）/5		Hewson（CSIRO）
多硅白云母	5/6		Hewson

续表

特征矿物	波段比值方法	备注	参考
白云母	7/6		Hewson
高岭石	7/5	近似	Hewson
黏土	$(5×7)/6^2$		Bierwith
蚀变	4/5		Volesky
围岩	5/6		Volesky
二氧化硅			
富含石英的岩石	14/12		Rowan
特征矿物	波段比值方法	备注	参考
石英	$(11×11)/10/12$		Bierwth
石榴子石/单斜辉石/绿帘石/绿泥石	12/13	夕卡岩外围蚀变(石榴子石、辉石)	Bierwth, CSIRO
二氧化硅	13/12	同 14/12	Palomera
二氧化硅	12/13		Nimoyima
硅质岩	$(11×11)/$ $(10×12)$		Nimoyima
二氧化硅	11/10		CSIRO
二氧化硅	11/12		CSIRO
二氧化硅	13/10		CSIRO
其他			
植被	3/2		
NDVI 植被指数	$(3-2)/(3+2)$	归一化植被指数（NDVI）	

七、多元信息综合找矿

遥感矿化蚀变信息提取可为区域找矿提供依据，指明找矿方向和成矿有利地段，但仍然存在一定的不确定性，矿化线索的发现仍需其他方法佐证，如利用化探、物探、地质等资料对遥感矿化蚀变信息进行综合分析，"去伪存真"，摸索规律，从而达到"迅速掌握全局、逐步缩小靶区"的目标。此外，将化探、物探等数据与遥感数据融合或叠合，归纳总结找矿规律，甄别、筛选成矿有利地段的方法已得到验证（周军等，2005；刘磊等，2008）。高山峡谷区大部分地区人员难以到达，野外异常查证困难，多元信息综合分析显得尤为重要。例如，新疆乌什北山项目在填图过程中开展遥感矿化蚀变信息提取，将各种蚀变矿物叠加成矿化蚀变异常总图，综合地质、物探、化探等资料，筛选矿化蚀变信息，综合推断找矿有利地段（图3-34）。通过野外异常查证，发现矿化蚀变线索若干处。

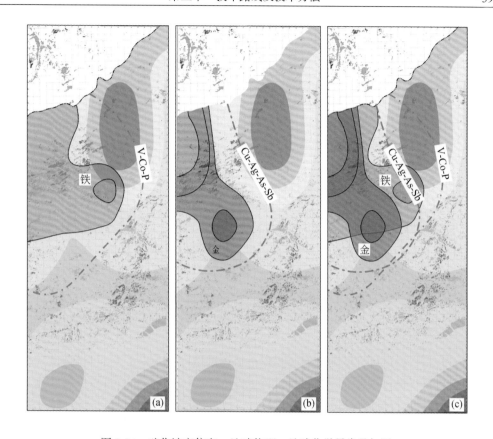

图 3-34 矿化蚀变信息、地球物理、地球化学异常叠加图

（a）矿化蚀变信息、地球物理、铁地球化学异常叠加图；（b）矿化蚀变信息、地球物理、金地球化学异常叠加图；

（c）矿化蚀变信息、地球物理、铁和金地球化学异常叠加图

八、轻小型飞行器航摄技术利用

轻小型无人机是飞行器中常见的种类之一，因其获取影像机动灵活、环境适应性强、影像分辨率高、成本低等优势，成为传统航摄手段的有效补充。一套完整的轻小型无人机航摄系统主要由系统硬件和系统软件两部分构成。与传统航摄相同，无人机数码航摄需要进行航线设计、航摄飞行、质量检查、补飞或重飞、像控测量等步骤。不同的是，无人机航摄的航线设计由于面积小，无须考虑地球曲率的变化；航摄质量的检查在航摄现场就能完成，无须冲印相片；在某些特定条件下，像控测量工作需首先制作全区域快速镶嵌图，如在青藏高原等地开展无人机航摄作业需使用快速拼图辅助像控点布设，使用电子像片刺点等（毕凯等，2015）。在高山峡谷区岩性、构造复杂的地段或者地质体接触关系不清的部位使用无人机航摄技术获得地物信息，弥补了一般遥感数据难以捕捉的细节信息。此外，还可使用搭载摄像头的四轴飞行器或者六轴飞行器等，实现在空中对视频数据的采集和传输，且可控制电机达到所需要的飞行姿态，采集不同空间位置的地质信息，及时通过上位机进行画面预览及视频保存，大大提高了工作效率和研究程度。

九、剖面测制

地质剖面测制是区域地质填图的基础，是建立填图单位的主要途径和重要方法。高海拔、深切割等人员难以到达的地区，难以按照常规填图规范要求开展剖面测制工作。高山峡谷区应在前期详细的遥感解译（测区及邻幅）的基础上，开展适量的剖面测制，尽量保证测区所有填图单位均有所控制。

（一）剖面测制目的

通过实测地质剖面，查明各影像单元所代表的岩石或岩石组合类型、构造形迹基本特征，验证技术方法的有效性和适用性，确定不同岩类分布区有效技术方法组合。查明岩石、构造及含矿地质体的基本特征，合理划分填图单位，建立调查区地层系统、岩浆岩序列、构造格架等，为区域地质调查需要解决的基础地质问题奠定基础。

（二）布设原则

（1）可通行的地区，原则上每幅图每个填图单位应有 1～2 条实测剖面控制。

（2）受通行条件限制，测区剖面无法控制的填图单位，可在邻幅相邻地段、相同的地层或构造分区进行测制（图 3-35）。

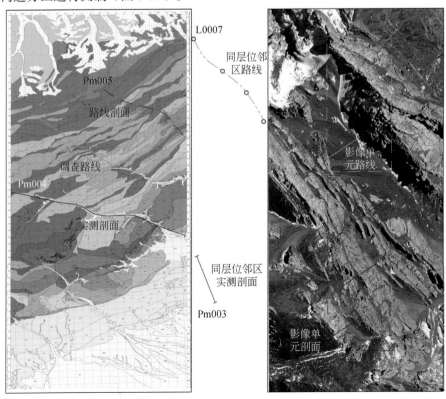

图 3-35　高山峡谷区剖面和地质调查路线布设方式图

（3）无法测制剖面的地区，应采用路线地质剖面代替实测地质剖面（图3-35）。

（4）可采用影像单元剖面法，以影像单元为调查单位，剖面尽量安排在影像单元齐全的地段，若交通不便或无法到达，可分段选线进行控制，保证每个影像单元均有剖面控制（图3-35）。

十、路线地质调查

路线地质调查是常规区域地质调查过程中最基本的方法，也是高山峡谷区填图过程中最重要的方法。通过系统连续的地质路线观测，控制各填图单位边界，调查各地质体或者构造横向或纵向上的变化规律，查明填图单位划分的合理性，任何技术方法和调查手段均不能代替。然而，路线地质调查技术规范、精度要求等在高山峡谷区大部分地区无法实施。高山峡谷区路线地质调查采用如下方法：

（1）根据遥感解译程度和地质地貌特征，灵活布置地质调查路线，不平均使用工作精度，即"遥感解译程度－地质－地貌"引导地质调查路线的部署。

（2）高山峡谷区试点填图仍采取数字填图技术，但PRB过程不再机械使用，高差较大的地区可采用地质点控制地质界线和构造，根据需要随即定点，野外现场连图。

（3）测区无法开展路线地质调查，在邻幅相邻地段、相同的地层或构造分区进行（图3-35）。

（4）采用影像单元路线法，地质调查路线尽量安排在影像单元齐全的地段，若交通不便或无法到达，仍可分段选线进行单元控制（图3-35）。

（5）可穿越地区布设系统观测路线和检查路线。

第一，选择可穿越的沟谷布设系统观测路线，尽可能全面控制调查区所有地质体、矿化体和主要构造。原则上此类路线应以垂直区域构造线方向的穿越路线为主，适当辅以追索路线。具体布设要求为：①穿越路线要尽量控制各类地质体、矿化体及其间的重要接触界线，研究影像单元与地质单元的对应关系。②当岩性、岩相变化较大，地质体、矿化体走向延伸关系不清，遥感解译程度较差或为了解某些重要接触关系、矿化带边界的空间延伸情况等特征时，可布置追索路线。③路线线距应以有效控制各类影像单元和地质体为原则，根据测区的通行条件、遥感解译程度、地质矿产复杂程度、已有工作程度等，适当加密或放稀。④有实测剖面控制的地段，不必重复布置地质路线。

第二，检查路线：针对区内一些重大地质和矿产问题的解决、填图单位划分对比或地质连图中出现的问题等，根据实际需要和通行条件布置相应的检查路线和观测点。

第四章 工作部署

第一节 部署原则

工作部署是项目设计阶段的最后落脚点，是进一步开展地质填图的行动纲领。工作部署的总体原则是工作量的投入、具体实施计划和安排要能满足项目任务书的要求，在设计地质图或研究成果地质图上进行部署。在明确高山峡谷区技术方法配合使用解决地质问题程度的前提下，合理布置工作量，工作量投入必须要有针对性，强化前期地质调查工作中的薄弱环节研究，提高工作区地质调查程度。

在具体工作部署中需注意以下几个主要方面的问题：

（1）在明确高山峡谷区1：50000区域地质调查项目性质、目标任务的基础上，以选择有效填图技术方法组合为核心，以提高人员无法到达地区基础地质调查研究水平为目标部署工作。

（2）在明确不同地质地貌类型区遥感解译程度及不同解译程度地区所使用技术方法的前提下，灵活投入相应工作量。

（3）分区部署，工作安排需考虑由易到难，由遥感解译程度较高区向遥感解译程度较低区，由技术方法试验区到技术方法推广区，由简单的方法组合到复杂的技术方法组合，总结规律，循序渐进。

（4）分年度部署，年度工作应涉及不同遥感解译程度区和地质地貌类型区，便于技术方法对比和改进，特别注重遥感解译程度中等或者较差地区技术方法的选择。

（5）工作部署要拓宽传统区域地质调查的服务领域，注意多方位、多学科收集资料，形成面对多目标的服务成果。

第二节 年度工作部署

一、年度工作区划分

（1）由简到难。率先在岩性和构造相对简单的地区采用遥感等技术进行探索性填图，总结技术方法的实用性及适用性，逐步向岩性、构造复杂地区开展。

（2）不同遥感解译程度。按遥感解译程度，分为遥感解译程度较差区、遥感解译程度中等区及遥感解译程度较高区，年度工作需涉及不同遥感解译程度的地区，便于技术方法的对比。

（3）交通通行条件。首先在交通条件相对较好的地区开展方法试验和野外实地验证，明确不同影像单元所代表的地质实体，采取类推法向可进入性差的地段推广。

（4）边境军事管理要求、民族宗教信仰。高山峡谷区项目可能位于边境军事管理区，对人员活动进行严格限制，或者处于民族宗教信仰区，需进行总体协调和部署。

二、重点工作区和一般工作区划分

根据任务书要求、遥感解译程度、岩性和构造复杂程度、拟解决的关键技术和地质矿产问题、人员可进入性等，将年度工作区分为重点工作区（试验区）、一般工作区（技术推广区），将有效技术方法组合与地质填图紧密结合，统一部署工作。

（一）重点工作区

按照实际地质地貌特征，重点工作区是指影像单元齐全且具代表性、岩性和构造复杂、成矿有利、可进行技术方法实验、可布设地质调查路线或者剖面进行技术方法验证的地区。重点工作区包括遥感解译程度较高、遥感解译程度中等、遥感解译程度较差及成矿有利地段（图4-1），具体如下：

（1）遥感解译程度较高的地区，包括高海拔、深切割两类地区，存在可穿越的沟谷，可进行方法实验和验证。影像单元建立标志明显、边界清晰，影像单元与岩性、岩性组合及构造等的对应关系明确。有效技术方法组合选择相对简单。

（2）遥感解译程度中等的地区，包括高海拔、深切割两类地区，存在可穿越的沟谷，可进行方法实验和验证。影像单元建立标志不明显，影像单元与岩性、岩性组合及构造等的对应关系不十分明确。有效技术方法组合选择相对复杂。

（3）遥感解译程度较差的地区，包括高海拔、深切割两类地区，存在可穿越的沟谷，可进行方法实验和验证。遥感解译标志不清，影像单元基本无法建立（例如经历多期次变

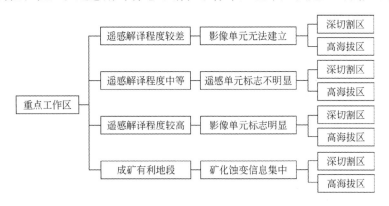

图4-1 重点工作区类型图

形变位的构造混杂岩、变质程度较深的混合片麻岩区），也是有效技术方法研究的重要地区。

（4）成矿有利地段，包括高海拔、深切割两类地区。根据区域成矿特征，将化探异常和遥感矿化蚀变信息集中分布区作为一个重点工作区，采取有效方法组合，实现找矿突破。

（二）一般工作区

一般工作区是指重点工作区以外的区域，具体包括以下类型。

（1）积雪、冰川覆盖区；

（2）土壤和植被覆盖严重区；

（3）人员基本无法到达，通过有效技术方法组合能基本解决填图单位划分的技术方法推广区；

（4）遥感解译程度较高的第四系分布区。

第五章 野外地质调查

第一节 有效技术方法组合选择的原则及标准

高山峡谷区通行条件较差，野外地质调查路线和剖面数量有限，如何结合测区地质地貌条件和地质特点，选择有效的技术方法，保证地质填图精度，创新成果表达方式，形成面对多目标的服务成果是填图的根本目的。但是，一种技术方法有其应用的局限性，依靠单一的方法不能全面解决错综复杂的地质问题。例如，在基岩裸露较好的地区遥感地质解译对影像体的空间展布、交切关系等特征均能很好地反映。然而，影像体所代表的岩石组合类型、属性及其变形期次等必须依靠野外地质调查和综合研究方可定性。因此，需针对不同的地质地貌特征，有针对性地选择有效的技术方法组合，提高地质调查成果质量。

一、技术方法组合选择的基本原则

（1）目标任务优先。首先考虑围绕填图目标任务选择有效技术方法。

（2）有效性实验。方法组合的选择应建立在方法实验的基础上，通过方法实验，选择和确定能有效识别岩性、构造等要素的技术方法、方法组合。

（3）经济性。技术方法选择既要考虑技术方法的有效性，又要考虑技术方法的经济性。例如，WorldView-3 高分遥感数据可对岩性单元的形态、纹理、岩层间的空间关系等进行精细的识别。由于价格昂贵、数据量大、处理困难等因素，无法大面积普及。

（4）适用性。例如，高山峡谷区填图过程中技术方法试验区建立的遥感影像单元标志，在人员无法到达的地区可适用、可推广。

（5）周期性。一般地质调查项目周期为 3 年，技术方法组合的实施应相对快捷、周期性短，不影响整体工作安排。

二、技术方法组合有效性的标准

（1）方法组合要有可靠的技术参数，符合相关技术规范要求。

（2）方法的实施能实现任务书要求的目标任务。

（3）方法组合的实施能满足填图精度要求、创新图面表达方式。

（4）方法组合的实施能区分不同岩性、构造及含矿地质体。

（5）方法组合的实施能合理、正确划分填图单位。

（6）方法组合具有实用性和适应性。

第二节　有效技术方法组合的选择

在技术方法组合有效性验证的基础上开展野外地质调查，本指南针对沉积岩、岩浆岩、变质岩、构造及矿产资源地质调查过程中有效技术方法组合进行了系统梳理，具体如下。

一、沉积岩区技术方法组合

若调查区沉积岩色调、形态、影纹、水系等解译标志明显，遥感影像单元边界清晰，可选用有效技术方法组合为遥感信息增强（图像数据特征分析法／比值组合法／主成分分析法／HIS 彩色空间变换法）＋岩性和构造地质解译＋剖面测制＋路线地质调查（图 5-1）。若沉积岩解译标志不明显，岩石颜色、结构、构造等差异不大，需要选择可降低光谱间的相关性、扩大物体的色调差异、突出地物细节的技术方法，其技术方法组合为遥感信息增强（比值组合法／主成分分析法／HIS 彩色空间变换法＋掩膜技术＋高分和多光谱遥感数据间协同岩性分类）＋多源遥感数据综合研究＋岩性和构造地质解译＋剖面测制＋路线地质调查。

二、岩浆岩区技术方法组合

若调查区岩浆岩色调、形态、影纹、水系等解译标志明显，遥感影像单元边界清晰，可选用有效技术方法组合为遥感信息增强（图像数据特征分析法／比值组合法／主成分分析法／HIS 彩色空间变换法）＋岩性和构造地质解译＋剖面测制＋路线地质调查（表 5-1）。若岩浆岩解译标志不明显，技术方法组合为遥感信息增强（比值组合法／主成分分析法／HIS 彩色空间变换法＋高分和多光谱遥感数据间协同岩性分类）＋多源遥感数据综合研究＋岩性和构造地质解译＋地球物理资料利用＋剖面测制＋路线地质调查。若岩浆岩分布地区人员无法到达、无法验证，可增加基于 ASTER 热红外遥感数据的岩石化学填图的技术方法。

表 5-1　高山峡谷区不同调查对象有效技术方法组合

序号	技术方法		沉积岩	岩浆岩	变质岩	构造	特殊地质体	矿产	应用方向
1	遥感信息增强	图像数据特征分析法	●	●	●				选择最佳波段组合，增大图像信息量，提高相似岩性区分能力
		比值组合法	●	●	●				扩大物体的色调差异，突出构造和岩性特征，区分容易混淆的岩性
		主成分分析法	●	●	●				减小多光谱间的相关性，扩大多光谱空间分解能力及清晰度
		HIS彩色空间变换法	●	●	●				降低多光谱间的相关性，提高图像的空间细节表现能力
		光谱剖面法					●		建立基于光谱知识的提取模型，进行特殊信息提取
		掩膜技术	●		●				减小相邻地物体的不利影响
		线性体自动提取				●			突出线性地质体或构造
		高分和多光谱遥感数据间协同岩性分类	●	●	●	●	●		遥感数据间"互补效应"，提高岩性的分类和目视解译的精度
		图像最优多级密度分割		●	●				将图像的灰度级作为有序量，岩性信息、矿化蚀变信息提取
		高光谱遥感矿物填图			●			●	区分出不同矿物种类，恢复成矿历史
		基于ASTER热红外遥感数据推的岩石化学填图						●	氧化物含量及含量分布图，反演岩性
2	岩性、构造遥感地质解译		●	●	●	●	●		岩性、构造识别、类型、成因分析
3	多源遥感数据综合研究及影像单元建立		●	●	●	●	●		不同遥感数据优势互补，突出构造
4	地球物理资料研究与利用			●	●	●	●	●	隐伏岩体、隐伏断裂、火山岩等地质体识别
5	地球化学资料研究与利用							●	异常类型、分布范围、找矿方向研究
6	矿化蚀变信息提取							●	异常类型、分布范围、找矿标志
7	多元信息综合找矿							●	综合推断找矿有利地段
8	轻小型飞行器航摄技术利用		●	●	●	●	●	●	机动、灵活，弥补遥感技术难以捕捉的细节信息
9	剖面测制		●	●	●	●	●	●	
10	路线地质调查		●	●	●	●	●	●	

三、变质岩区技术方法组合

若调查区变质岩色调、形态、影纹、水系等解译标志明显，遥感影像单元边界清晰，可选用有效技术方法组合为遥感信息增强（图像数据特征分析法／比值组合法／主成分分析法／HIS 彩色空间变换法）＋岩性和构造地质解译＋剖面测制＋路线地质调查（图5-1）。若变质岩解译标志不明显，技术方法组合为遥感信息增强（比值组合法／主成分分析法／HIS 彩色空间变换法＋高分和多光谱遥感数据间的协同岩性分类）＋多源遥感数据综合研究＋岩性和构造地质解译＋地球物理资料利用＋剖面测制＋路线地质调查。若需研究变质矿物种类或者分布情况，可增加高光谱遥感矿物填图。

四、构造调查技术方法组合

褶皱、断层、节理等构造形迹在遥感信息增强图像上解译标志一般较为明显，可选用高分和多光谱遥感数据协同岩性分类，突出地质体边界，研究构造的类型及性质等。配合使用多源遥感数据综合研究，从不同视域和角度分析不同规模、不同类型的构造（图5-1）。隐伏构造研究可增加地球物理资料的利用。若需突出不同构造期次的线性构造，采用线性体自动提取功能分析线性构造的空间展布及截切关系。此外，与构造变形密切相关的蛇绿构造混杂岩带往往是解译的难点，由于经历多期变形变位，多期变质作用、岩浆作用叠加，一般解译标志不明显，影像单元边界不清。可先通过实地调研混杂岩带的主体岩性，采用相应岩石类型图像增强方法进行处理和解译。

五、矿产资源调查技术方法组合

区域地质填图中的矿产资源调查，与专门性矿产资源调查最主要的区别在于：紧密结合最新的区域地质填图成果，尤其是新的地质背景资料，分析已有的和新发现的各类找矿线索、找矿标志等，在重新认识和分析的基础上，提出找矿标志与地层、构造、岩浆作用、变质作用等地质背景的关系。尝试用新的区域地质填图成果分析和解释可能的成矿作用、成矿机制、控矿因素等，进而提出找矿方向和初步评价意见。

高山峡谷区地质填图中矿产资源调查技术方法组合为地球物理资料利用＋地球化学勘查资料利用＋矿化蚀变信息提取＋路线地质调查。通过技术方法组合初步掌握区域矿化类型、成矿条件、代表性矿化的空间分布特征、控矿因素及成矿地质条件，对于新发现的矿化线索，分析形成这些矿化信息的地质背景（地层、岩性、岩浆作用、变质作用）、构造条件等。

第三节　剖面类型、研究内容及精度要求

高山峡谷区剖面测制的前提条件为调查区存在可穿越的沟谷或可通行的地区，不平均使用工作量和工作精度。剖面类型主要分为沉积岩剖面、火山岩剖面、侵入岩剖面、变质岩剖面、构造混杂岩剖面、地质构造剖面、矿化（体）带剖面、第四系剖面等。

一、剖面类型及研究内容

（一）沉积岩剖面

测制沉积岩剖面的目的是查明遥感解译标志的正确性及影像单元所代表的岩石、岩石组合类型；验证技术方法的有效性和适用性。查明沉积岩类型、结构构造及沉积序列等，正确建立调查区岩石地层层序，合理划分正式和非正式岩石地层填图单位。在剖面上要详细分层，逐层进行遥感影像特征和岩性描述，系统采集岩矿、岩相、岩石地球化学样品，寻找和采集大化石、微体化石样品，必要时采集人工重砂、粒度分析、古地磁等样品。用宏观与微观相结合的方法研究地层的基本地质特征，视具体情况进行生物地层、年代地层、事件地层、层序地层、化学地层和磁性地层等多重地层划分对比研究。

（二）火山岩剖面

测制火山岩剖面的目的是查明遥感解译标志的正确性及影像单元所代表的岩石、岩石组合类型；验证技术方法的有效性和适用性。结合影像特征和地球物理资料确定火山机构类型，研究火山岩相、划分火山地层。在研究划分火山岩和沉积夹层的基础上，结合火山地层的结构类型，划分岩石地层单位和火山喷发旋回、火山喷发韵律，建立地层层序，确定火山喷发时代和火山喷发方式。查明火山岩岩石的矿物成分、岩石类型、结构构造、产状、厚度、接触关系、空间分布及其变化规律等，在此基础上划分火山岩相。调查与火山活动有关的构造特征，研究古火山机构。剖面记录上应系统描述各单元遥感影像特征，并采集岩矿、岩石化学、地球化学样品，在沉积夹层中要注意寻找大化石或采集有关微体化石样品，有选择地采集同位素测年样品。

（三）侵入岩剖面

测制侵入岩剖面的目的是查明遥感解译标志的正确性及影像单元所代表的岩石、岩石组合类型；验证技术方法的有效性和适用性。测制过程中应加强遥感数据研究（如遥感数据 HIS 彩色空间变换法），对岩体（岩基）进行解体，研究侵入体间相互关系、侵位顺序、侵入时代、演化关系及就位机制。对同源岩浆演化系列的侵入体，分析岩浆起源和岩浆演

化过程；对岩浆混合作用演化的侵入体，要在岩浆混合、分异、演化、就位机制研究的基础上，合理划分填图单元。根据遥感影像特征，在侵入岩剖面上应详细记录侵入体岩相变化的各种基本特征，并系统采集岩矿、岩石化学和地球化学样品，有选择地采集同位素测年样品。

（四）变质岩剖面

测制变质岩剖面的目的是查明遥感解译标志的正确性及影像单元所代表的岩石、岩石组合类型；验证技术方法的有效性和适用性。低级变质的沉积岩和火山沉积岩原则上按照沉积岩和火山岩研究方法进行，但应注意变质－变形作用的特征及其相互关系。对中高级变质岩，结合遥感影像特征，查明岩层构造叠置序列、变质变形样式及组合规律，在研究其新老关系的基础上测制剖面，确定变质岩石（包括变质构造岩）的矿物成分、结构构造、岩石类型和变质岩石的岩石化学、地球化学及变形特征，结合野外地质特征及副矿物组合特征等恢复原岩；研究变质岩的原岩建造类型、探讨其形成的区域构造环境，以及变质作用与变形作用和成矿作用的关系。查明不同变质岩石类型的空间分布，以及它们之间的接触关系，并建立序次关系；查明变质变形作用特征类型、划分变质相带和相系，研究变质期次、时代及其相互关系，探讨变质作用发生、发展的地质环境；建立地（岩）层序列和热动力事件演化序列。

（五）构造混杂岩剖面

测制构造混杂岩剖面的目的是查明遥感解译标志的正确性及影像单元所代表的岩石、岩石组合类型；验证技术方法的有效性和适用性。按照变形程度进行基质和岩片（块）的划分、对比研究。在剖面上特别要注意岩片（块）与基质之间、岩片（块）与岩片（块）之间接触关系的调查，分别按基质和岩片（块）对混杂岩内部物质组成进行剖析，并详细记录其遥感影像特征，选择性地采集岩矿、古生物、构造定向、岩石地球化学、粒度分析、同位素测年等样品，进行时代、构造环境、变质、变形等研究。

（六）构造地质剖面

测制构造地质剖面的目的是查明遥感解译标志的正确性及技术方法的有效性、适用性。在遥感解译和研究的基础上，结合地球物理资料，研究各种地质构造要素、构造叠加改造和交切关系及不同构造类型空间展布特征，并附必要的素描图和照片。不同构造形迹产状要素和所需参数齐全，判别运动学特征的现象和必要的数据清楚，所述现象定性基本准确。必要时在剖面调查的基础上进行地质构造野外统计测量，数据必须系统完整，具有代表性和客观性，其属性和期次关系清楚。对重要接触关系，记录内容应包括界面产状、性质等特征，界面上下地层的岩性、产状、变质变形差异，相对形成时代应有资料依据，附素描图或照片，采集必要的标本。对区域性的断裂带和韧性剪切带，必须有较系统的构造岩标本和有关样品控制（如定向标本、岩组分析样等）。根据需要可利用地球物理资料研究隐伏构造的时空展布等特征。

（七）矿化（体）带剖面

在遥感矿化蚀变信息提取、地球化学资料和地球物理资料分析研究的基础上，针对出露在地表及近地表的重要含矿地质体、蚀变带、矿（化）带、矿（化）体、矿化蚀变信息集中带（区）、前人采矿遗迹布设剖面，并进行正规取样，分析矿石质量，了解矿石的类型、矿体的规模、形态、产状、矿体与围岩的关系、蚀变特征、矿化类型及矿化标志等。要取全、取准各类测试样品并标绘在素描图上，文字描述应做到内容详尽翔实、重点突出。对于与成矿相关的重要地质现象要绘制大比例尺素描图、拍照或摄像。测制矿化（体）带剖面时，测制、观察、描述、编录和取样等工作参照相关规范要求执行。

（八）第四系剖面

高山峡谷区第四系分布面积较少，第四系一般情况下遥感解译程度很高，测制剖面的目的是验证遥感解译标志的正确性，应结合地球物理技术方法研究隐伏地质体时空分布特征。查明第四纪地质体种类、成因类型、物质成分、厚度、接触关系和分布范围。研究第四纪地质体与地貌类型的关系，根据物质成分及其所处的地貌部位划分填图单位，建立堆积层序；调查第四系古风化壳和可能赋存的矿产；研究各类第四纪地质体形成时期及其与年代地层的对应关系；在剖面上要详细分层，逐层描述遥感影像特征，并选择性地采集有关样品，如孢粉样、微体古生物化石样、古地磁样、地球化学样、热释光、光释光、电子自旋共振、^{14}C 等同位素测年样品。

二、剖面测制精度要求（可通行地区）

（1）高山峡谷区 1：50000 区域地质调查中，地质剖面测制的比例尺为：①沉积岩和沉积 - 火山岩剖面，比例尺控制在 1：1000～1：5000，剖面分层厚度一般控制在 1～5m。②侵入岩剖面，比例尺一般为 1：2000～1：5000。③变质岩剖面，比例尺一般为 1：1000～1：5000。④构造地质剖面，比例尺一般为 1：500～1：10000。⑤矿化（体）带剖面，比例尺一般大于 1：500。⑥第四系剖面，厚度巨大的粗碎屑沉积，比例尺一般为 1：2000～1：5000，剖面分层厚度一般控制在 2～5m；厚度较小的细碎屑沉积，比例尺一般为 1：100～1：1000，剖面分层厚度一般控制在 0.1～1m。

（2）实测剖面线方向应基本垂直于地质体和矿化（体）或蚀变带走向，一般情况下两者之间的夹角不小于 60°。花岗岩区要横穿岩基主体，火山岩区要横穿火山机构发育地区。

（3）造山带构造混杂岩地质剖面和构造地质剖面，要求各种重要构造界面和剖面的顶底界无掩盖，接触关系清楚。

（4）实测剖面记录要按规定的记录表格样式详细逐层记录遥感影像特征、岩性、岩相、古生物、构造、矿化、蚀变、产状、各类样品采集、素描图和照片等内容。

（5）实测剖面图和柱状图制作：①沉积岩、沉积－火山岩（含低级变质的沉积－火山岩）一般要编制实测剖面图和柱状图。②如为水平岩层（如第四系堆积物），可只编制柱状图。③中高级变质岩、侵入岩和造山带区混杂岩剖面和构造地质剖面一般只要求编制实测剖面图，根据需要，该类剖面或其中的某些层段可编制柱状图。④矿化（体）带剖面除编制详细的剖面图和柱状图外，还应编制详细的矿化（体）带的平面图。

第四节　路线地质调查

高山峡谷区开展路线地质调查的前提条件为调查区存在可穿越的沟谷或可通行的地区。不平均使用工作量和工作精度。

一、路线地质调查的内容

（一）沉积岩区调查内容

沉积岩区以岩石地层单位划分为基础，开展生物地层、年代地层、层序地层、事件地层和磁性地层等方面的研究，进行地层多重划分对比。

野外工作中验证遥感解译标志的正确性、技术方法的有效性和适用性；调查影像单元所代表的岩石、岩石组合等。查明沉积岩的物质组成、岩石类型、岩石结构、沉积构造、古生物组合、基本层序构成（层厚、类型、数量等）、厚度、接触关系性质、沉积序列、形成时代、沉积相与沉积环境、矿化蚀变特征、岩石地球化学特征等。调查并详细填绘有特殊意义的岩性（岩相）标志层，如含矿层、蚀变层、特殊的化学沉积层（如岩盐层、铁质壳层、结核层等）、风化壳、火山灰层、礁滩沉积、化石富集层、滑塌沉积、外来岩块等，研究其特殊的岩相古地理背景和构造环境、成矿控矿作用和区域时空分布特征。注重与沉积作用有关的矿产资源调查。进行岩石地层、生物地层年代地层、层序地层、事件地层和磁性地层等多重地层划分对比研究，合理划分正式和非正式岩石地层填图单位，建立区域地层序列和地层格架。

（二）火山岩区调查内容

火山岩区采用岩石地层－火山岩相双重调查法。

野外工作中验证遥感解译标志的正确性、技术方法的有效性和适用性；调查影像单元所代表的岩石、岩石组合等。查明火山岩岩石类型、矿物成分、结构构造、矿化蚀变特征。查明火山岩厚度、产状、空间分布及其变化规律。调查火山通道、标志层、沉积夹层、岩流流动单元、冷却单元、流动方向标志、火山集块岩、角砾岩、火山断裂等火山地质作用现象。查明原生和次生构造特点，火山构造特征。查明火山喷发过程中形成的古火山机构特点，研究古火山机构的活动历史。注重与火山作用有关的矿产资源调查。根据火山岩岩石特征及产出分布特点，划分火山岩相及其组合类型，分析各种火山岩相组合类型，研究各种火山岩相的空间分布规律及形成的地质环境，探讨火山作用的规律及历程。结合火山岩岩石学、岩石化学、岩石地球化学及相关的沉积岩性、岩相特点等资料，探讨火山作用的大地构造环境及相关的成矿作用。

（三）侵入岩区调查内容

侵入岩区采用"岩性＋时代"调查法。

野外工作中验证遥感解译标志的正确性、技术方法的有效性和适用性；调查影像单元所代表的岩石、岩石组合等。查明侵入岩的矿物组成、岩石类型、结构构造（线理和面理组构）、接触关系、空间分布及其变化规律，按照"粒度＋岩性＋时代"划分侵入体。调查不同类型侵入体的形态与规模，以及侵入体间的接触关系和产状。查明侵入体的构造型式（内部组构和接触带构造），以及与围岩的接触关系与产状。调查内外接触带的蚀变矿化、变质及变形作用，岩体相带及其空间分布等特征。查明不同类型侵入体形成的先后顺序和时代，特别是形成序次和空间展布规律。基本查明侵入体中捕虏体、残留体及深源岩石包体（成分、形态、分布、含量等）和脉岩（派生脉岩和区域性脉岩）特征。调查不同类型侵入体与区域构造的关系，选择有代表性的侵入体进行组构测量。注重与岩浆作用有关的矿产资源调查。在研究侵入岩岩石、地球化学、同位素地球化学、同位素年代学等资料的基础上，探讨岩浆源区及岩石成因类型。结合区域沉积、变质、构造等资料，建立区域构造岩浆演化旋回或序列。

（四）变质岩区调查内容

区域变质岩区调查采用"构造-地（岩）层-事件或构造-岩石-事件"调查法。

野外工作中验证遥感解译标志的正确性、技术方法的有效性和适用性；调查影像单元所代表的岩石、岩石组合等。低级变质的沉积岩和火山沉积岩区参照沉积岩区、火山沉积岩区调查方法，低级变质的侵入岩参照侵入岩调查方法，但要突出变质和变形作用特征的调查。中浅变质岩区应调查变余原生构造，并进行构造解析。观测各种构造要素，查明各种面理、线理和褶皱构造等的性质、序次和变形强度，建立区域构造变形序列。查明特征变质矿物组合及其空间分布，研究变质作用类型，划分变质相带。采集不同变质程度和不同类型的变质岩石样品，进行共生矿物组合及其时代关系的研究，估算变质温压条件，分析其变质作用演化过程。研究代表性变质岩石的岩石化学、地球化学特征，结合野外地质特征及副矿物组成等恢复变质岩的原岩建造类型和形成环境。开展变质岩同位素年代学研究，确定变质岩原岩形成时代和变质作用时代，结合变质作用 PTt 轨迹，探讨变质作用发生的构造背景与动力学过程。注重与变质作用有关的矿产资源调查。依据不同变质岩间的界面性质、叠置关系及空间分布特征，结合变质、变形作用与同位素年代学研究，建立区域变质－变形事件演化序列。

（五）蛇绿构造混杂岩带调查内容

蛇绿构造混杂岩带分布区以"岩块"和"基质"作为混杂岩带地质调查和填图基本单位，采用物质组成与结构构造并重的地质填图理念，重点调查岩块和基质的组成、变质变形及空间变化特征。

野外工作中验证遥感解译标志的正确性、技术方法的有效性和适用性；调查影像单元所代表的岩石、岩石组合等。调查各类块体岩石（组合）类型、矿物组成、产状、内部原生和变形构造、古生物化石及块体间的规模及相互关系。调查基质岩石（组合）类型、古生物化石和构造变形特征。研究岩块和基质的时代及构造属性，探讨混杂岩形成构造环境。研究蛇绿构造混杂岩与区域内其他相关岩石（如俯冲期和碰撞期岩浆岩组合，碰撞期超高压蓝片岩、超高压榴辉岩等）的时空关系，探讨其成因联系。调查构造混杂岩各类面理、线理、韧性剪切带、脆性断层等构造要素，研究其几何学、运动学、构造年代学特征及叠加关系，建立构造序列，厘定并建立构造混杂岩主构造期和重要叠加期的构造组合。研究引起构造位移和变形应力大小、方位及其演变过程，重塑局部和区域构造应力场，探讨、推断构造作用的动力来源。在物质组成、构造研究的基础上，结合区域分析，综合研究确定构造混杂岩形成和就位过程及环境、大地构造相及在区域构造分区中的地质意义。调查与蛇绿混杂岩有关的铬、镍、铜等矿产的控矿地质要素与成矿信息。

（六）第四系调查内容

第四系分布区采用地质－地貌双重调查法。

在遥感解译的基础上，查明第四纪沉积物岩性、厚度、成因类型、接触关系和空间分布。调查特殊岩性夹层，如古生物化石富集层、化学沉积层、古土壤层、风化层、砾石层等，研究构造意义和环境意义。调查研究各种地貌形态要素和组合地貌的相互关系，分析第四纪沉积物成分、成因类型与地貌的关系。根据地层中古生物群组合、样品的年代学测定、地层磁性的极性时与极性亚时等确定地层地质时代，分析岩性、岩相、古生物、古气候等特征，了解古风化壳特征与类型，分析各时期的沉积环境及其演化规律。调查与新构造运动有关的地貌、水系和沉积物特征，以及活动断裂的分布、延伸、规模、性质、产状等基本特征，分析新构造运动规律和活动断裂的发育历史。采集必要的样品，进行黏土矿物与重矿物分析、粒度分析、化学成分分析、微体古生物（介形虫类、有孔虫、轮藻等）和宏体古生物鉴定、^{14}C 测年、光释光测年、古地磁测量等。调查第四纪地层赋存的各类矿产，如泥炭、盐岩（硫酸盐、卤化物、氯化物、钾盐）、砂矿、黏土及吸附型矿产等，查明赋存层位、成因类型和形成环境。

（七）构造地质调查内容

野外工作中验证遥感解译标志的正确性、技术方法的有效性和适用性；调查影像单元所代表的构造、构造组合等。查明各种构造变形形迹（褶皱、断裂、韧性剪切带、各种面状、线状等）的几何学特征（规模、性质、产状）。观察分析褶皱的类型和叠加形式，根据褶皱卷入的地层、岩体等判断褶皱形成的相对时间。收集与中、大型褶皱有成因联系的派生小构造资料。查明中、大型断裂（含韧性剪切带）的空间展布特征及其两侧的地层（岩石）序列及其产状变化、断裂面产状、断裂带宽度、断层岩类型、断裂带内面状构造和线状构造（如擦痕）特征、断裂的组合形式及其运动学特征。根据断层交切关系判断不同断层活动次序，根据断层切割的地层、岩体等，判断断层活动的时段。根据宏观或微观（镜下）运动学指示构造判断断层的运动学特征。观察褶皱、断裂或韧性剪切带等对矿化蚀变、成矿的控制作用和对矿体的破坏作用，以及矿体在各类构造中的赋存位置和分布规律。根据交切关系、构造年代学等判断构造形成序次和组合特征，建立区域构造变形序列和构造格架。

二、控制程度和调查精度

（一）地质点和地质观测路线控制程度和调查精度要求

（1）高山峡谷区地质点和路线控制程度，应以能较准确地圈定出地质构造、地质体和矿化带形态为原则，填图过程中根据通行条件布置地质点和路线，不平均使用工作量。

（2）对区域性的主要构造带、地质体和矿化带，原则上必须要有详细的地质路线控制，对成矿有利地段应视需要适当加密调查路线。在人员可通行的地区应详细描述构造带、地质体和矿化带遥感解译特征，并进行合理的推测，明确提出可能存在的问题。记录必须翔实，测量数据准确齐全，并附素描图、照片和遥感解译图件，采集相关样品和实物标本。

（3）人员可通行地区路线地质调查过程中应详细描述地质界线、重要接触带、断层带、化石层、含矿层位、标志层、蚀变带、矿化体等重要地质现象的遥感解译特征，并进行合理的推测，并明确提出可能存在的问题。记录必须翔实，测量数据准确齐全，并附素描图、照片和遥感解译图件，采集相关样品和实物标本。

（4）人员可到达的地区要着重查明不同地质体间的接触关系（包括地层间的整合、假整合和角度不整合接触）、岩体间的侵入关系和先后顺序、不同岩性及岩相间的渐变过渡关系、矿化带与围岩的接触关系、各种构造接触关系等，详细描述其遥感解译特征，并进行合理的推测，并明确提出可能存在的问题。

（5）地质调查路线要求做好路线信手地质剖面（比例尺为 1∶5000～1∶10000）。

（二）地质观测内容标绘要求

（1）野外手图采用 1∶25000 数字化地形图或者遥感图。所有地质体、矿化体界线、正式填图单位和非正式填图单位、各种有意义的地质现象、各种构造形迹及各种有代表性的产状要素（含地层、岩层、面理、线理以及原生构造产状及各类样品的采样位置等）均应准确标绘到野外手图上。

（2）野外调查工作中的地质观测点、线在野外手图上标定的点位与实地位置误差，一般不得大于 25m。

（3）对直径大于 50m 的闭合地质体、宽度大于 25m，长度大于 50m 的线状地质体、长度大于 250m 的断层及褶皱构造均要标绘在野外手图上。对分布面积过小，但具有重要意义的特殊地质体和矿化体，要用相应符号、花纹夸大或归并表示在图上。

（4）基岩区内面积小于 1km² 和沟谷中宽度小于 100m 的第四系，在地质图上不予表示，但类型特殊或含有重要矿产的第四纪沉积，其范围虽小，均应适当夸大表示。

（5）1 ：50000 地质图只标定直径大于 100m 的闭合地质体，宽度大于 50m、长度大于 100m 的线状地质体，长度大于 250m 的断层、褶皱构造。对其范围虽小，但具有重要意义的特殊地质体和矿化体，均可用相应符号、花纹夸大或归并表示在图上。无法验证的地质体应采用特殊的地质符号表示。

（6）人员无法进行实地验证的影像单元，通过技术方法组合不能完全确定影像体所代表地质体的类型、属性等单元，结合区域地质特征，可在地质图上标绘，赋予特殊代号，并在地质图说明书中详细说明。

第六章　资料整理和野外验收

第一节　资 料 整 理

（1）当日采集的文字记录数据、照片、图件和实物等原始资料，必须进行当日资料整理。内容包括：野外录入数据的系统性和地质观察内容的齐全性和正确性，并形成质量检查记录；每条野外地质调查路线和实测剖面数据采集结束后，对各种地质界线进行校正，经数据检查后，形成野外手图数据库；各类实物标本和测试、鉴定样品需进行清理、筛选和妥善保存，严防污染。

（2）每个填图单位经过野外调查、遥感解译及验证工作结束后应进行阶段资料整理，年度工作结束后应进行年度资料整理。内容包括：①野外录入数据的系统性和地质观察内容的齐全性和正确性，并形成质量检查记录；②对各种原始资料进行系统检查与记录，分析工作精度和质量，对存在的问题及时采取补救措施；③野外数据采集器中要入库的地质调查路线和实测剖面等数据，必须先通过数字填图系统的数据检查后逐条录入图幅数据库中，形成实际材料图数据库和剖面数据库；④野外分片完成的实际材料图数据库和剖面数据库，进行系统接图，逐渐形成实际材料图数据库和地质草图数据库；⑤完善各种数据库，核实野外调查路线、素描图、照片、录像、各类样品采集与测试分析等资料的吻合程度；⑥处理遥感影像数据，进行地质解释，编制遥感解译基础图件、成果图件和工作总结；⑦整理分析实测剖面资料、各种样品测试鉴定资料，编制柱状对比图，编制地质剖面图；⑧确定地层综合对比标志和编图地质单位，编制综合地层柱状图及其他必要的辅助图件；⑨编制阶段性工作总结或年度工作总结。

（3）完成野外全部工作后，项目组应系统地检查、整理各阶段资料，完善地质草图和阶段性工作总结，经项目承担单位复核后提交野外验收。

第二节　野 外 验 收

（1）野外验收应提供的资料：①任务书、设计书及其相应的图件、评审意见、审批意见等；②野外地质调查路线、野外手图、实际材料图、地质剖面等数据库，以及野外调查记录本；③各类样品测试鉴定采（送）样单，以及主要测年样品的测试分析结果和其他70%以上的测试鉴定数据和图表；④野外调查手图、地质剖面图、系列遥感解译图、实际材料图、地质图；⑤典型的岩石、化石等标本；⑥野外区域地质调查简报、阶段性总结报告，以及各级质量检查记录资料。

（2）野外验收应着重检查如下内容：①总体设计任务完成情况；②技术方法的实用性和适应性，方法组合的实施是否能区分不同岩性、构造及特殊地质体，方法组合的实施是否能合理、正确划分填图单位；③原始资料及文图吻合程度；④不同地质地貌区野外调查程度；⑤地质草图的正确性和图面结构的合理性等，是否符合填图精度要求与相关规范要求；⑥项目质量管理情况。

（3）验收过程包括原始资料的室内检查和野外实地抽查，检查和抽查内容应覆盖主要的工作手段。原始资料的室内检查比例不应少于5%。地质调查路线或地质剖面抽查视每个图幅工作量设置情况而定。

（4）经资料检查和野外实地检查后，由专家组形成野外验收意见书。意见书要对主要实物工作量完成情况、工作方法和精度、原始资料质量及其控制情况、取得的成果、存在的问题做出全面客观的评价，提出需补充调查工作的内容和意见等。

第七章　成果编审与资料汇交

第一节　成 果 编 审

一、地质图编制

（1）最终地质图的编制，应在完成野外验收后的有关补充工作的基础上进行，编制地质图所用资料应与各项原始资料和基础图件吻合一致，并正确处理好与周边邻幅的接图问题。

（2）地质图的编制要严格遵循比例尺由大到小的原则，编制地质图最基础的原始资料是已经编好并经完善的 1：25000 实际材料图数据库和相关的物化遥综合处理分析数据。

（3）地质图的编制应按照《区域地质图图例》（GB 958—99）和《地质图用色标准及用色原则》（DZ/T 0179—1997）中规定的图式、图例、符号、用色原则等进行表示；《区域地质图图例》（GB 958—99）和《地质图用色标准及用色原则》（DZ/T 0179—1997）中未涉及的部分可自行设计有关花纹符号。

（4）各类地质体表示在图上的精度，参见本标准野外调查部分。

（5）图面表示内容必须客观真实，区域地质调查中无论主观或客观原因造成研究程度上的差异，编图中应如实反映，不能人为掩盖客观存在的问题。

（6）附在 1：50000 地质图下方的图切剖面，应选在反映区域地质构造最为系统完整，地质和矿产现象最为丰富、最有代表性的部位进行切割。当一条剖面难以全面反映区域地质构造和区域矿产特征时，可以另切辅助剖面，补充反映有关内容。

（7）图框外除表示地层综合柱状图、岩浆岩序列图、图例和图切剖面外，根据实际情况，可附反映图幅的技术方法组合、调查重点和取得重大成果的有关图表内容，充分利用图面空间展示图幅技术方法、区域地质、矿产、环境等特点和研究程度。

二、成果报告编制

（1）单幅调查与多幅联测都应编写区域地质调查报告，区域地质调查报告按要求编写，封面格式应正规统一，并可根据调查的目的和重点增删相关内容。

（2）调查报告要客观地反映不同遥感解译程度区的技术方法或者技术方法组合的实施情况、并对技术方法结果进行评价；论述项目解决的重大基础地质、矿产及环境灾害地质问题等，要求内容全面翔实、论据充分、图文并茂。

三、数据库建设

（1）原始资料数据库内容包括预研究收集资料、野外调查路线和剖面、系列遥感解译图件和样品测试等数据。

（2）成果数据库包括成果图件和成果报告数据库。

（3）资料数据库的建设按《地质信息元数据标准》（DD 2006—05）、《数字地质图空间数据库》（DD 2006—06）、《地质数据质量检查与评价》（DD 2006—07）等要求执行。

四、成果评审

（1）成果评审一般在野外验收后 6 个月内完成，由项目主管部门组织评审。

（2）成果评审时应提供成果图件、报告、模型和数据库，以及项目任务书（合同书）、设计书、野外验收意见与审批文件、项目承担单位的初审意见书等。

（3）成果评审通过后，项目组应按成果评审意见进行修改，并报项目主管部门审核认定。

第二节　资料归档与汇交

（1）原始地质资料归档。

（2）地质调查工作中形成的原始地质资料立卷归档按照《原始地质资料立卷归档规则》（DA/T 41—2008）要求执行。

（3）地质调查工作中形成的有重要价值的实物资料应向有关馆藏机构汇交，具体要求按照有关规定执行。

（4）成果地质资料汇交。

（5）成果地质资料一般包括区域地质调查报告、成果图件、成果数据库、原始资料数据库等。

（6）成果地质资料评审后应在 6 个月内汇交，具体按照《成果地质资料管理技术要求》（DD 2010—06）的要求执行。

第二部分 新疆 1∶50000 喀伊车山口等 3 幅高山峡谷区填图实践

第八章 项目概况

第一节 工作区位置、范围及自然地理

一、工作区位置及范围

"新疆1：50000喀伊车山口（K44E015004）等3幅高山峡谷区填图试点"项目位于新疆维吾尔自治区西南部，塔里木盆地西北边缘与西南天山南麓交接部位，北纬41°10′00″～41°40′00″，东经78°45′00″～79°00′00″，填图总面积为1200km²。调查区北至吉尔吉斯斯坦喀伊车河，南达乌什县阔克莫依那克（图8-1）。

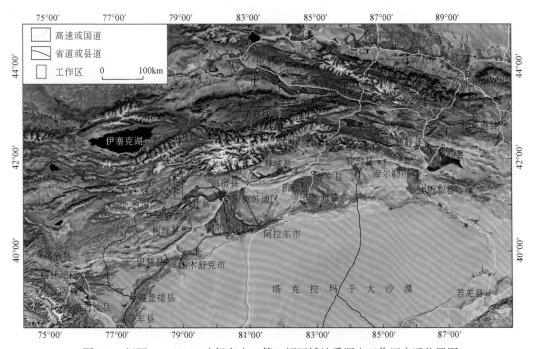

图8-1 新疆1：50000喀伊车山口等3幅区域地质调查工作区交通位置图

二、自然地理概况

工作区西北高东南低，属大陆性干旱气候，年均气温9.4℃，年降水量91.5mm，

无霜期 250 ～ 286 天。北部山区气候变化异常，每年 10 月至翌年 4 月为冰冻期，4500 ～ 5000m 的山峰常年积雪。南部（塔里木盆地西北缘）降水量稀少，蒸发量远大于降水量，7 ～ 8 月午后常有冰雹和雨雪。总体上具有内陆高原干旱、寒冷的气候特征。境内横贯全县的托什干河，年径流量 26.07 亿 m^3，流域面积 24018km^2。托什干河流经测区南部，形成谷地平原，该河丰富的地下泉水形成了得天独厚的水利（能）资源。生态和谐、环境优美，盛产绿色无公害苜蓿、小麦、水稻、玉米、黄豆、鹰嘴豆、荞麦、胡麻、油菜、棉花、甜菜等，是国家及自治区粮食基地县、鹰嘴豆基地。

测区北部为西南天山分水岭，最高海拔近 5000m，向南逐渐降低；切割深度较大，山峰与相邻山谷高差一般在 1500m 以上，具有"高海拔、深切割"的地貌特征，属典型的高山峡谷地貌（图 8-2、图 8-3），南部山前地形变缓。工作区中北部自然地理环境恶劣，地质灾害频发，生态脆弱。调查区交通不便，车辆通行困难，绝大多数地区只能以骆驼和马作为运输工具，北部因雪山、冰川等影响地质人员难以逾越。

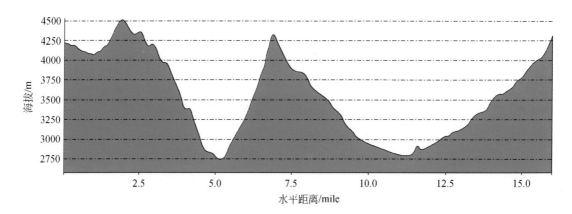

图 8-2　测区中北部地形剖面图

1mile=1.609344km

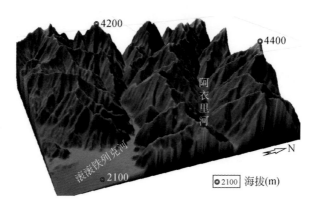

图 8-3　测区中部三维地形地貌图

第二节 总体目标任务及工作流程

一、总体目标任务

系统梳理和总结国内外高山峡谷区 1：50000 地质填图方法和经验，参照《区域地质调查总则》（1：50000）、《1：50000 区域地质调查技术要求（暂行）》等有关技术要求，在充分收集利用已有地质、遥感、地球物理、地球化学资料的基础上，采用数字填图技术，针对测区自然地形地貌条件和地质特点，选择有效的技术方法组合，开展 1：50000 地质填图试点，查明区内地层、岩石、构造基本特征。在高山峡谷区填图中充分应用和发挥遥感技术的先导作用，通过试点工作，探索高山峡谷区 1：50000 地质填图方法，研究总结高山峡谷区地质填图技术方法和成果表达方式。完成 1：50000 区域地质调查总面积 1200km^2。

重点开展以下几方面工作：

（1）在综合分析研究西南天山已有的地质、遥感、地球物理、地球化学及矿产等资料的基础上，充分发挥遥感技术在高山峡谷区填图工作中的先导作用，利用多源大比例尺遥感数据在高山峡谷区开展岩性、构造解译及矿化信息提取，查明区域地质背景，圈定遥感找矿靶区，提高图幅整体调查水平和研究效果。

（2）查明区内地层、岩石、构造的基本特征，合理划分填图单位，重建区内构造格架和地层、岩浆岩序列，加强石炭系和泥盆系岩石组合、沉积环境及变质变形等研究。

（3）加强测区成矿地质背景的调查研究，重视与碱性花岗岩有关的锡矿及与火山-沉积岩相关的矿产类型及分布规律等，为西南天山成矿带的区域地质调查和矿产勘查项目的部署提供依据。

二、工作流程

本项目经历立项、资料收集和预研究、野外踏勘、设计编审、野外地质调查、资料整理和野外验收、综合研究和成果编审、资料汇交等工作程序。

第三节 主要实物工作量设置

测区自然地理环境恶劣，山高沟深，悬崖林立，严重制约了地质剖面测制及地质路线调查等工作的开展，故本项目旨在充分应用和发挥遥感技术的先导作用，选用有效技术方法组合，探索高山峡谷区 1：50000 地质填图方法。本次选用 WorldView-3、

WorldView-2、GeoEye-1、QuickBird、SPOT5、SPOT6、ASTER、ETM+、资源二号、GF-1、GF-2 共 11 种遥感数据开展技术方法实验，完成 1：25000 遥感解译面积 10660km^2（不含同一数据类型不同波段组合图像解译面积）（表 8-1），遥感解译为主要实物工作量。

表 8-1　测区遥感数据选择类型及解译面积一览表

序号	数据类型	作用	解译比例尺	类型	面积 /km^2
1	WorldView-3	岩性、构造解译	1：25000	高分辨率	200
2	WorldView-2	岩性、构造解译	1：25000	高分辨率	1200
3	GeoEye-1	岩性、构造解译	1：25000	高分辨率	430
4	QuickBird	岩性、构造解译	1：25000	高分辨率	430
5	SPOT5	岩性、构造解译	1：25000	中分辨率	1200
6	SPOT6	岩性、构造解译	1：25000	中分辨率	1200
7	ASTER	矿化蚀变信息提取	1：25000	多光谱	1200
8	ETM+	矿化蚀变信息提取	1：25000	多光谱	1200
9	资源二号	岩性、构造解译	1：25000	中分辨率	1200
10	GF-1	岩性、构造解译	1：25000	高分辨率	1200
11	GF-2	岩性、构造解译	1：25000	高分辨率	1200

　　剖面测制及路线地质调查是必不可少的技术方法，然而，不同图幅的地形地貌条件和地质特点各有不同，需根据不同图幅通行条件和地质背景特点，有针对性地设置实物工作量。例如，喀伊车山口幅（K44E015004）海拔最高、切割最深，约 1/3 图幅位于吉尔吉斯斯坦境内，为技术方法推广区，仅能布设少量地质调查验证路线。喀伊车山口幅（K44E015004）设置 1：50000 地质调查路线 8 条，路线长度 28km。完成地质调查路线7 条，路线长度 27.6km，地质矿产观测点 37 个，地质界线 50 条，平均 316m 含一个地质点或点间界线。固古提尼克艾克尼幅（K44E016004）自然地理环境略好于喀伊车山口幅（K44E015004），地质情况复杂，为技术方法试验区，实物工作量设置最大。该图幅计划设置地质剖面 8 条，长度 32km；地质调查路线 30 条，长度 60km。完成地质剖面测制9 条，总长 35.8km；1：50000 地质调查路线 27 条，路线长度 60.8km，地质矿产观测点121 个，地质界线 138 条，平均 234m 含一个地质点或点间界线。巴尔邓麻扎幅（K44E017004）地形相对较缓，易于穿越，但约 1/3 图幅为新生代地层，因此其实物工作量相对偏少。巴尔邓麻扎幅（K44E017004）共设置剖面 4 条，长度 16km；地质调查路线 25 条，路线长度 85km。完成剖面测制 5 条，总长 16.2km；1：50000 地质调查路线 28 条，路线长度91.6km，地质矿产观测点 177 个，地质界线 154 条，平均 276m 含一个地质点或点间界线。

第九章 工 作 部 署

本次工作在明确 1 ∶ 50000 区域地质调查的性质、目标任务的前提下，以探索研究高山峡谷区填图技术方法为核心，以查明区内地层、岩石、构造的基本特征，合理划分填图单位，重建区内构造格架和地层、岩浆岩序列，圈定遥感找矿靶区，提高图幅整体调查水平和研究效果为目标部署工作。部署过程中明确不同地质地貌区遥感解译程度及不同解译程度区所使用的技术方法。按照通行条件，由简单到复杂，由技术方法试验区（重点工作区）到技术方法推广应用区，总结规律，按循序渐进的工作程序，有针对性地布置工作量。地质调查项目周期一般为 3 年，工作部署过程中依据岩石、构造的难易程度、通行条件、边境地区军事管理要求等按年度分步实施。

第一节 重点工作区与一般工作区划分

一、重点工作区

重点工作区是指调查东部影像单元齐全、岩性和构造复杂、成矿有利、可进行技术方法实验、可布设地质调查路线或者剖面对技术进行方法验证的地区。重点工作区包括遥感解译程度较高、遥感解译程度中等、遥感解译程度较差及成矿有利地段 4 类地区［图 9-1（a）、（b）］，是研究影像单元与岩石、岩石组合、构造等的对应关系及建立调查区填图单位的主要地区。重点工作区工作量投入最大。具体如下：

（1）遥感解译程度较高区，主要分布在测区东北部和南部地区，东北部存在可穿越的沟谷，可进行方法实验和验证。影像单元建立标志明显、边界清晰，影像单元与岩性、岩性组合及构造等的对应关系明确，地质体空间展布规律性强，有效技术方法组合选择相对简单，推广应用容易。

（2）遥感解译程度中等区，主要分布在测区中东部，存在可穿越的沟谷，可进行方法实验和验证。影像单元建立标志尚可区分，影像单元与岩性、岩性组合及构造等的对应关系存在一定的不确定性。需加强技术方法研究和有效技术方法选择，保证填图单位划分的正确性。

（3）遥感解译程度较差区，主要分布在测区南东部，通行条件相对较好，可进行方法实验和验证。遥感解译标志不清，影像单元基本无法建立，多数为模糊影像单元，也是有效技术方法研究的重要地区。

（4）成矿有利地段，根据区域成矿特征，将化探异常和遥感矿化蚀变信息集中分布区作为一个重点工作区，采取有效方法组合，实现找矿突破。本项目共划分出 5 个成矿有利地区［图 9-1（c）］。

图 9-1　调查区 WorldView-2 遥感影像图及工作部署图

二、一般工作区

一般工作区是指重点工作区以外的区域，以技术方法应用为主，工作区工作量投入相对较少，具体包括以下类型：

（1）测区西北部积雪、冰川覆盖区，包括国外部分。

（2）通行条件很差，通过有效技术方法组合能解决填图单位划分的技术方法推广应用区，主要分布在测区北西、中西、南西部。

（3）调查区南部遥感解译程度较高的第四系分布区。

第二节　年度工作区划分与部署

一、年度工作区划分原则

（1）难易程度：测区南部库车组、西域组岩性和构造相对简单，率先探索性开展技术方法研究，验证技术方法的实用性及适用性，选用有效技术方法组合，逐步向北部（岩性、构造复杂地区）展开。

（2）交通通行条件：测区东部及东南部交通条件相对较好，西部和北部大部分地区人员无法通行，应首先在交通条件较好的地段开展方法试验和验证，向可进入性差的地段推广应用。

（3）不同遥感解译程度：测区按遥感解译程度，分为遥感解译程度较差区、遥感解译程度中等区及遥感解译程度较高区［图9-1（b）］，年度工作需涉及不同遥感解译程度区，便于技术方法的对比。

（4）边境地区军事管理要求：测区属于边境军事管理区，对人员活动严格规定，年度工作开展需向边防申请工作范围，按照实际情况统一部署。

二、年度工作区划分与部署

按照由简到难、交通条件、不同遥感解译程度、边境地区军事管理要求等，测区按年度划分为三个工作区，即2014年、2015年、2016年工作区［图9-1（c）］。

（一）2014年工作区部署

2014年工作区部署在测区中南部，包括重点工作区和一般工作区。该区南部为上新统库车组（N_2k）和上新统—下更新统西域组（N_2-Qp^1x）。库车组岩石组合为粉砂质泥岩和砾岩，西域组岩石组合为厚－巨厚层状粗砾岩夹巨砾岩透镜体，厚－巨厚层状粗砾岩夹中细砾岩及少量砂岩、粉砂岩透镜体。总体上岩性相对简单，构造变形很弱。北部和东北部为中泥盆统托格买提组（D_2t）、上泥盆统坦盖塔尔组（D_3t）、下石炭统甘草湖组（C_1g）和野云沟组（C_1y）、上石炭统—下二叠统阿衣里河组（C_2-P_1a）等，岩性相对复杂，多期构造叠加置换现象明显。地球化学异常显示该地区出现有Au、As、Sb、Hg等元素的异常带。遥感矿化蚀变信息异常集中分布在断裂及次级断裂附近［图9-1（c）］，是成矿的有利地区。

2014年工作区属于典型的深切割区，但通行条件相对较好，有利于进行技术方法探索性实验和验证。重点工作区包括遥感解译程度较差、遥感解译程度中等的两类地区，可进行技术方法对比研究。2014年工作区涉及测区大部分填图单位，本着由简到难的原则，首先在重点工作区南部岩性相对简单的库车组和西域组分布区开展以遥感解译为主的技术方法实验，布置地质剖面和地质调查路线进行技术方法有效性验证，选择有效技术方法组合，逐步向西部和北部岩性、构造复杂区推广应用，建立年度工作区填图单位。2014 年工作涉及主要填图单位包括 D_2t、D_3t、C_1g、C_1y、$C_2\text{-}P_1a$、N_2k、$N_2\text{-}Qp^1x$，设置地质剖面 4 条，完成填图面积约 $400km^2$。

（二）2015 年工作区部署

2015 年工作区部署在测区中部及中北部的高海拔、深切割区，包括重点工作区和一般工作区。该区主要为中泥盆统托格买提组、上泥盆统坦盖塔尔组、下石炭统甘草湖组和野云沟组、上石炭统—下二叠统阿衣里河组、下二叠统巴勒迪尔塔格组及晚三叠世基性－超基性杂岩体等。岩层受由北向南逆冲作用的影响，变形强烈。地球化学异常显示该地区出现 Au、As、Sb、Hg 等元素的异常带。遥感矿化蚀变信息异常集中分布于断裂破碎带及基性－超基性杂岩体出露区，具有一定的找矿前景。

2015 年重点工作区东部存在可穿越的沟谷，有利于进行技术方法实验和验证。该区包括遥感解译程度中等和遥感解译程度较高的两类地区，可进行技术方法对比研究。2015 年工作区涉及测区主要填图单位，应在 2014 年技术方法研究应用的技术上，加以调整和完善。特别是针对新厘定下二叠统巴勒迪尔塔格组（P_1b）和新发现的晚三叠世基性－超基性杂岩体（$T_3\Sigma\text{-}N$），运用遥感、地球物理资料研究岩石、岩石组合的影像特征、解译标志、时空展布及构造变形情况等。布置地质剖面和地质调查路线进行方法有效性验证，选择有效技术方法组合逐步向西部可进入性差的地区推广应用，建立年度工作区填图单位。2015 年涉及主要填图单位包括 D_2t、D_3t、C_1g、C_1y、$C_2\text{-}P_1a$、P_1b、N_2k、$N_2\text{-}Qp^1x$、$T_3\Sigma\text{-}N$，设置地质剖面 5 条，完成填图面积约 $600km^2$。

（三）2016 年工作区部署

2016 年工作区部署分布在测区北部及南部地区，包括重点工作区和一般工作区。该区主要为中志留统、上石炭统—下二叠统阿衣里河组、下二叠统巴勒迪尔塔格组及早二叠世二长花岗岩（$P_1\eta\gamma$）和正长花岗岩（$P_1\xi$）。岩层受由北向南逆冲作用的影响，普遍发育不对称褶皱及同斜褶皱等。地球化学异常显示该地区出现有 Au、As 等元素的异常带。遥感矿化蚀变信息异常集中分布在岩体与碳酸盐岩接触部位，是成矿的有利地区。

2016 年重点工作区存在两条可穿越的沟谷，可进行技术方法实验，但可验证区域十分有限。该区涉及遥感解译程度较差和遥感解译程度较高的两类地区，由于遥感解译程度较差区域主要分布在国外，本次无法开展面积性调查工作。因此，年度工作集中在遥感解译程度较高的东北部地区。基于遥感的技术方法受积雪和冰川的影响较大，所以 2016 年重点工作区中沉积岩出露地段填图技术方法沿用前期工作中已验证且有效的技术方法。调查区东北部分布的侵入岩是年度工作的重点，开展针对侵入岩的技术方法探索研究，特别是加强无法验证地区侵入岩岩石类型、空间展布、接触关系等调查，建立年度工作区内侵入岩填图单位。一般工作区分布在测区南部第四系分布区，遥感解译程度较高，有效技术方法选择也相对简单。2016年涉及主要填图单位包括 C_2-P_1a、P_1b、N_2-Qp^1x、$P_1\eta\gamma$、$P_1\xi$，设置地质剖面2条，填图面积约 $200km^2$。

第十章 沉积岩区地质调查

第一节 概 述

调查区属南天山地层分区，地层极为发育，出露面积占 90% 以上，包括中志留统、上古生界、新生界（上新统和第四系）。其中，石炭系—下二叠统出露面积最大，约占 70%，夹持于北部的中志留统和南部的新生界之间；中–上泥盆统出露面积次之，分布于调查区中南部，与南、北两侧的石炭系均呈断层接触。第四系除大面积分布于南部山前地带以外，"西域砾岩"还在山顶有小面积残留。区内地层走向呈北东东–南西西向，主体北倾。

在新疆维吾尔自治区地质矿产局（1999）和 1 : 20 万区域地质调查等调查研究工作的基础上，本次岩石地层单位划分除依据岩石组合、化石组合等特征外，还特别兼顾其遥

表 10-1 调查区地层划分表

地质年代			南天山地层分区		
			本次工作		前人工作
新生代	第四纪	全新世	全新统冰碛物（Qh^{gl}）		全新统冰碛物（Qh^{gl}）
			全新统洪冲积物（Qh^{pal}）		全新统洪冲积物（Qh^{pal}）
		晚更新世	新疆群（Qp^3X）		新疆群（Qp^3X）
	新近纪	早更新世	西域组	二段（$N_2-Qp^1x^2$）	西域组（N_2-Qp^1x）
				一段（$N_2-Qp^1x^1$）	
		上新世	库车组	二段（N_2k^2）	库车组（N_2k）
				一段（N_2k^1）	
晚古生代	二叠纪	早二叠世	巴勒迪尔塔格组（P_1b）		
			喀拉治尔加组	二段（P_1k^2）	
				一段（P_1k^1）	
	石炭纪	晚石炭世	阿衣里河组	二段（$C_2-P_1a^2$）	
				一段（$C_2-P_1a^1$）	阿衣里河组（C_2a）
		早石炭世	野云沟组（C_1y）		野云沟组（C_1y）
			甘草湖组（C_1g）		甘草湖组（C_1g）
	泥盆纪	晚泥盆世	坦盖塔尔组	二段（D_3t^2）	坦盖塔尔组（D_3t）
				一段（D_3t^1）	
		中泥盆世	托格买提组	五段（D_2t^5）	托格买提组（D_2t）
				四段（D_2t^4）	
				三段（D_2t^3）	
				二段（D_2t^2）	
				一段（D_2t^1）	
早古生代	志留纪	中志留世	中志留统		中志留统

感影像特征的可识别性，便于填图与连图过程中各填图单位的辨别。通过生物地层和地层接触关系的调查研究，大部分岩石地层单位的时代依据充分，以此进行调查区地层划分（表10-1），建立地层序列，并分析沉积环境的时空演化规律。

第二节　有效技术方法选择及应用效果

高山峡谷区地质调查过程中有效技术方法是指经过野外验证，能为岩石、构造识别及填图单位合理划分提供支撑的主要途径和方法。调查区主体为晚古生代碳酸盐岩－碎屑岩建造，各填图单位岩性差异不明显，且地质剖面和调查路线数量有限，造成填图单位正确建立较为困难。因此，工作中需选择有效技术方法或方法组合，调查沉积岩的空间展布、基本类型、沉积构造、接触关系等。

一、遥感图像信息增强

（一）图像数据特征分析法

项目在执行过程中收集 WorldView-3、WorldView-2、GeoEye-1、QuickBird、SPOT5、SPOT6、ASTER、ETM+、资源二号、GF-1、GF-2 共 11 种不同空间分辨率和光谱分辨率的遥感数据，本次选择其中的 SPOT5、QuickBird、GeoEye-1 三种数据举例说明。由表 10-2 可知，SPOT5 各波段的标准差 Band1>Band2>Band3>Band4；波段间相关系数 Band134>Band124>Band234>Band123，最佳组合指数 OIF（Band234）>OIF（Band134）>OIF（Band124）>OIF（Band123）。表 10-3 显示 QuickBird 各波段的标准差 Band1>Band3>Band2>Band4；波段间相关系数 Band124>Band 134>Band123>Band234，最佳组合指数 OIF（Band123）>OIF（Band134）>OIF（Band124）>OIF（Band234）。由表 10-4 可知，GeoEye-1 各波段的标准差 Band1>Band3>Band2>Band4；波段间相关系数 Band124>Band134>Band234>Band123，最佳组合指数 OIF（Band123）>OIF（Band134）>OIF（Band124）>OIF（Band234）。

表 10-2　SPOT5 影像各波段数据统计特征值及各波段间相关系数矩阵

波段	最小值	最大值	均值	标准差	相关系数	Band1	Band2	Band3	Band4
Band1	0	255	77.485	33.134	Band1	1.000000	0.897210	0.886567	0.848133
Band2	0	255	56.163	31.990	Band2	0.897210	1.000000	0.994379	0.707432
Band3	0	255	56.588	30.646	Band3	0.886567	0.994379	1.000000	0.668707
Band4	15	201	87.089	24.271	Band4	0.848133	0.707432	0.668707	1.000000

表 10-3　QuickBird 影像各波段数据统计特征值及各波段间相关系数矩阵

波段	最小值	最大值	均值	标准差	相关系数	Band1	Band2	Band3	Band4
Band1	0	1342	507.711	166.118	Band1	1.000000	0.799445	0.817561	0.775338
Band2	0	1178	384.326	129.077	Band2	0.799445	1.000000	0.986813	0.954843
Band3	0	1425	482.756	142.270	Band3	0.817561	0.986813	1.000000	0.984581
Band4	0	802	294.572	76.028	Band4	0.775338	0.954843	0.984580	1.000000

表 10-4　GeoEye-1 影像各波段数据统计特征值及各波段间相关系数矩阵

波段	最小值	最大值	均值	标准差	相关系数	Band1	Band2	Band3	Band4
Band1	0	3061	246.776	490.529	Band1	1.000000	0.990143	0.979206	0.953965
Band2	0	1682	117.880	212.023	Band2	0.990143	1.000000	0.993400	0.973462
Band3	0	2655	262.247	296.175	Band3	0.979206	0.993400	1.000000	0.991808
Band4	0	2086	233.266	173.932	Band4	0.953965	0.973462	0.991808	1.000000

　　因此，SPOT5 数据 Band234、QuickBird 数据 Band123、GeoEye-1 数据 Band123 组合影像，有效减小了波段间的相关性，增大了图像信息量，明显提高了岩性单元的识别效果（图 10-1），特别表现在成分、结构、风化程度、物理化学性质等较为相似的岩石。例如，在 SPOT5 数据 Band123 组合影像上，野云沟组与阿衣里河组、托格买提组之间的界线可分、可解性不强［图 10-1（a）］，但 SPOT5 数据 Band234 组合影像上其间的接触界线更为清楚［图 10-1（b）］。阿衣里河组生物碎屑灰岩的风化面与新鲜面在其他波段组合影像上特征不明显，但在 GeoEye-1 数据 Band213 组合影像上能很好区分风化面和新鲜面［图 10-1（c）］，有效避免了将二者作为不同填图单元对待的问题［图 10-1（d）］。调查区东南部石炭系受薄层坡积物覆盖，在 QuickBird 数据 Band213 组合影像上，薄层覆盖区与基岩裸露区界线清晰［图 10-1（e）］，但在 Band234 组合影像上无法区分［图 10-1（f）］。

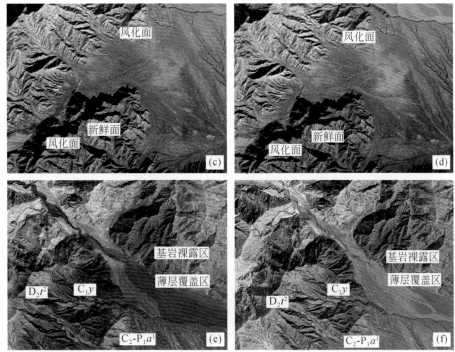

图 10-1　新疆乌什北山同一遥感数据不同波段组合影像解译效果对比

（a）SPOT5 数据 Band123 组合影像；（b）SPOT5 数据 Band234 组合影像；（c）GeoEye-1 数据 Band123 组合影像；（d）GeoEye-1 数据 Band234 组合影像；（e）QuickBird 数据 Band123 组合影像；（f）QuickBird 数据 Band234 组合影像

（二）高分、多光谱遥感数据协同岩性分类法

前已叙及，多光谱数据 Landsat-8 和高分数据 WorldView-2 间的"互补效应"有效提高了光谱反射特征相似岩性的分类和目视解译的精度，可使协同影像上的地质体界线清晰、色率差异更为明显。本部分介绍 ASTER 与 SPOT6 协同、ASTER 与 GF-2 协同影像岩性分类方法。

从 ASTER 数据 9 个波段中选择 3 个波段进行假彩色合成，以便于更好地表达图像信息之间的色调差异。通过计算 ASTER 影像不同波段之间的相关性，选择波段间相关性尽可能小的进行假彩色合成。为了提高彩色合成图像的效果，增加岩性单元之间的可分程度，本次通过多次波段组合实验，观察彩色合成效果，并最终选择波段相关性相对较小的短波红外 8 波段、近红外 4 波段和可见光 1 波段进行假彩色合成（表 10-5）。通过对比分析研究区东南部 ASTER 原始影像（图 10-2）、ASTER 与 SPOT6 协同影像（图 10-3）、ASTER 与 GF-2 协同影像（图 10-4）可知，三种图像总体展现出的色调基本一致，均能较好地表现影像单元之间的差异，清晰描述影像单元边界特征，但后两种协同影像无论在色调差异性上还是影像空间纹理清晰度上均优于原始影像。然而，ASTER 与 SPOT6 协同影像和 ASTER 与 GF-2 协同影像在解译程度上也存在明显差异，ASTER 与 GF-2 协同数据在影像纹理清晰度上比 ASTER 与 SPOT6 协同数据更胜一筹。如图 10-4 所示，红色矩形框内地貌具有清晰的树枝状、梳状影像形迹，能够非常直观地被识别出来；而图 10-3 中地貌特征则需仔细甄别。此外，太阳高度、地形高差以及 SPOT6、GF-2 两种传感器数据采集模式的差异，GF-2 影像没能较好地消除阴影的影响，致使 ASTER 与 GF-2 协同数据在阴影区数据显示效果上弱于 ASTER 与 SPOT6 协同图像。因此，在地形起伏较大的地区可采用 ASTER 与 SPOT6 协同图像，起伏不大的地区可采用 ASTER 与 GF-2 协同数据，进行岩石影像单元边界的圈定，使地质界线解译效果达到最佳。协同后影像信息量明显增大，岩性、构造解译程度明显优于单一高分数据（图 10-5），且经济实惠。

表 10-5 ASTER 影像各波段数据相关系数矩阵

相关性	B1	B2	B3	B4	B5	B6	B7	B8	B9
B1	1.000	0.983	0.734	0.775	0.832	0.835	0.854	0.861	0.863
B2	0.983	1.000	0.739	0.819	0.876	0.877	0.892	0.894	0.899
B3	0.734	0.739	1.000	0.857	0.749	0.768	0.764	0.751	0.751
B4	0.775	0.819	0.857	1.000	0.960	0.966	0.955	0.925	0.939
B5	0.832	0.876	0.749	0.960	1.000	0.996	0.991	0.970	0.982
B6	0.835	0.877	0.768	0.966	0.996	1.000	0.992	0.972	0.982
B7	0.854	0.892	0.764	0.955	0.991	0.992	1.000	0.988	0.991
B8	0.861	0.894	0.751	0.925	0.970	0.972	0.988	1.000	0.988
B9	0.863	0.899	0.751	0.939	0.982	0.982	0.991	0.988	1.000

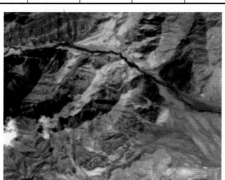

图 10-2 ASTER 原始影像

图 10-3 ASTER 与 SPOT6 协同图像

图 10-4 ASTER 与 GF-2 协同图像

图 10-5 WorldView-2 遥感影像图

二、沉积岩区岩性解译

调查区各地层单位的主要岩性为：①中志留统，灰白色灰岩、砂岩、页岩；②托格买提组，灰白色－深灰色中厚层状亮晶（生物碎屑）灰岩；③坦盖塔尔组，深灰色－浅灰绿色中薄层状粉砂质灰岩、钙质粉砂岩、灰黑色厚层状泥晶灰岩，夹浅灰绿色薄层状钙质粉砂岩；④甘草湖组，浅灰绿色中层状钙质粉砂岩、粉砂质灰岩夹灰黑色薄层状灰岩；⑤野云沟组，灰黑色薄层状－厚层状泥晶灰岩夹钙质粉砂岩；⑥阿衣里河组，灰色厚层状亮晶灰岩、泥晶灰岩；⑦喀拉治尔加组，紫红色砾岩、砂岩、粉砂岩；⑧巴勒迪尔塔格组，深灰色薄层状钙质板岩、砂岩夹灰岩；⑨库车组，土黄色、浅黄色块状（粉砂质）泥岩，夹灰色砾岩、黄色砂岩透镜体；⑩西域组，灰色厚－巨厚层状粗砾岩。

（一）沉积岩遥感影像特征

调查区沉积岩类型主要为碳酸盐岩和碎屑岩，其中碳酸盐岩以浅色色调为主，碎屑岩色调相对较深（特殊情况除外）；岩石成层性较好，带状影像特征明显；碳酸盐岩分布区一般形成陡崖、孤岭，崎岖不平，碎屑岩分布区地形明显变缓，但切割依然较深。总体上，遥感影像特征要素相对容易鉴别。

（二）沉积岩遥感解译标志建立

调查区干旱少雨，植被不发育。因此，可以从色调和色彩、影纹、水系等方面建立沉积岩遥感解译标志。

1. 沉积岩解译的色调与色彩标志

不同地物反射、透射和发射不同数量和波长的能量，在影像上则呈现出不同深浅的黑白色调或不同色调、亮度和饱和度的色彩，与地物物质成分（化学成分）、结构、构造、含水性、风化程度、物理参数（如温度、湿度、表明粗糙程度等）及所处的环境等因素（植被覆盖度、太阳高度等）密切相关。其中，对影像色调、色彩的主要影响因子如下：

1）矿物成分及化学成分

一般情况下，以浅色矿物为主或者钙质胶结的岩石，其反射率偏高，色调较浅，如上石炭统—下二叠统阿衣里河组灰岩、托格买提组中的生物碎屑灰岩（图10-6）。以暗色和杂色矿物成分为主，含三价铁胶结物较多的岩石，其反射率偏低，色调较深，如下石炭统甘草湖组碎屑岩（局部地区）（图10-7）。

2）岩石的结构

岩石矿物颗粒大小与岩石波谱特征的相关关系表明：矿物颗粒的大小，均匀程度，只改变其反射率的大小，不改变吸收谱带的位置及反射波谱曲线的形态。在矿物成分基本相同时，较小的矿物颗粒会导致光谱强度增大，对入射光的散射增强且减小了消光作用。岩石矿物颗粒较大，表面粗糙度高时，反射率会降低（田淑芳和詹骞，2013）。例如，西域组砾岩色调较深（图 10-8），库车组粉砂岩色调较浅（图 10-9）。

图 10-6　钙质胶结沉积岩遥感图像呈浅色调　　　图 10-7　铁质胶结沉积岩遥感图像呈深色调

 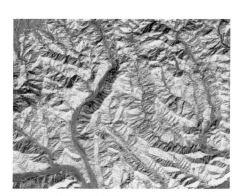

图 10-8　砾岩光谱强度小，反射率低呈深色调　　　图 10-9　粉砂岩光谱强度大，反射率呈浅色调

3）岩石的构造

岩层波谱受构造发育程度和产状影响。产状水平的岩层对岩石波谱影响不大，倾斜岩层可使反射率降低。岩层构造发育会降低其反射率，且随着岩层构造发育程度的增加而降低。例如，西域组砾岩南部靠近断裂，节理极为发育，岩层色调相对较深（图 10-10）；反之，远离断裂，岩层构造不发育，反射率不变，色调相对较浅（图 10-11）。

 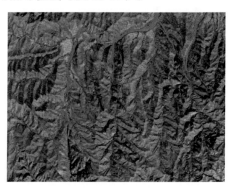

图 10-10　岩层构造发育呈深色调　　　图 10-11　岩层构造不发育呈浅色调

4）风化程度

岩石风化面和新鲜面的颜色和成分存在差异。但是，沉积岩风化后的成分变化不大，风化面和新鲜面的光谱差异主要表现在光谱反射率的大小上。因此，沉积岩新鲜面的光谱基本反映了岩石内部结构和矿物组成，而风化面的反射光谱反映了岩石自然裸露表面颜色、表面粒度等外部特征。由透明矿物组成的岩石，新鲜面颜色呈浅色（图10-12），但风化后表面黏附一层深色的铁膜，使风化面色调加深，反射率减小（图10-13）。由不透明矿物组成的岩石，新鲜面呈深色，通常这类岩石色调较深（图10-14），经过风化后，暗色矿物或有机质等被搬运掉，使稳定的浅色矿物相对集中，风化面颜色变浅，反射率增高（图10-15）。

图10-12　浅色矿物组成的岩石色调较浅

图10-13　风化后表面黏附铁膜色调加深

图10-14　不透明矿物组成的岩石色调较深

图10-15　岩石强风化后色调较浅

2. 沉积岩解译的影纹标志

调查区主要岩石类型为碳酸盐岩和碎屑岩，影纹表现为层状、块状、斑块状及斑点状等特征。其中，层状影纹是沉积岩典型的影纹类型，且存在色调差异时表现更为明显。例如，上石炭统—下二叠统阿衣里河组二段为钙质粉砂和灰岩互层，层状影纹十分明显，解译效果良好（图10-16）。巨厚层或者块状层状岩石，层理表现不明显，常呈块状影纹，如阿衣里河组一段灰岩出露区影纹主要表现为块状（图10-17）。斑块状影纹是指在基本一致的色调上出现其他色调的块状体（花斑），形状不规则，杂乱分布，其以不同颜色的斑块影纹图案显示地质体属性的差异，如下石炭统甘草湖组碎屑岩受构造影响，破碎较强地段的岩石蚀变相应较强，影像图上呈不同色调的斑块状（图10-18）。岩石表面植被发育，常形成斑点状影纹，且斑点的疏密、大小与植被的覆盖程度有关，如调查区中西部野云沟组出露区植被发育，呈斑点状影纹（图10-19）。

图 10-16　阿衣里河组二段岩石呈层状影纹　　　　图 10-17　阿衣里河组一段灰岩呈块状影纹

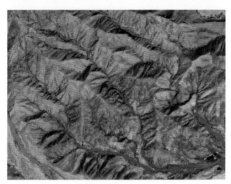
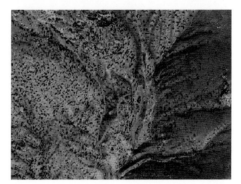

图 10-18　甘草湖组蚀变岩呈斑块状影纹　　　　图 10-19　野云沟组植被发育区呈斑点状影纹

3. 沉积岩解译的水系标志

不同水系反映不同的地质构造环境，与岩性、岩层产状和地形均有密切关系。沉积岩颗粒大小、均匀性、裂隙和透水性的发育程度，直接影响沉积岩的水系类型和疏密程度。调查区沉积岩区的水系主要呈树枝状和扇状。砾岩由于粒度粗，透水性好，层理不发育，分布区在图像上显示出稀疏树枝状水系，如西域组砾岩分布区往往水系不发育或者发育稀疏树枝状水系（图10-20）。砂岩粒度相对细，透水性相对较差，层理发育，分布区在图像上水系相对密集，如甘草湖组粉砂岩分布区树枝状水系较为发育（图10-21）。泥岩颗粒细，抗风化弱，透水性差，层理发育，分布区在遥感图像上地形低缓，水系密集，且短而密，如库车组泥岩分布区（图10-22）。碳酸盐岩常在断层或者节理发育地区形成陡崖，水系总体不发育，如托格买提组灰岩分布区水系数量较少、类型单一。第四系分布区受地形地貌影响，在谷口、山口等地区常形成扇状水系（图10-23）。

图 10-20 西域组砾岩树枝状水系（稀疏）

图 10-21 甘草湖组钙质粉砂岩树枝状水系（密集）

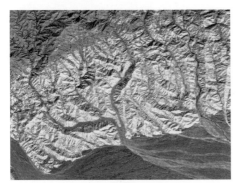

图 10-22 库车组泥岩密集水系

图 10-23 第四系分布区扇状水系

（三）遥感解译标志确认

（1）野外实地验证显示，调查区沉积岩区建立的色调、影纹、水系等解译标志具有代表性，是某一种或某一类地质体的影像标志，可作为区域解译的类比标准。

（2）野外实地验证显示，调查区沉积岩区建立的色调、影纹、水系等解译标志具有一定规模和相对清晰的边界，延伸相对稳定。

（3）经过不同地质调查人员野外实地验证，沉积岩区建立的色调、影纹、水系等解译标志具有一致性。

三、多源数据综合研究及影像单元建立

（一）多源数据综合研究

不同遥感数据各有其主要的应用对象和特色，同时又有其实际应用中的局限性。应结合调查区地质特征将各种遥感数据进行综合利用，分析不同类型遥感图像的影像特征，相互印证，完善遥感解译标志。例如，在托格买提组出露区，SPOT6 图像无法细化至三级影像单元（段），遥感解译标志不明显［图 10-24（a）］；WorldView-2 数据能精细识别不同岩段影纹特征，但色调相对单一［图 10-24（b）］；GF-2 和 Landsat-8 融合图像色调

区分标志明显［图 10-24（c）］，但在影纹特征识别方面逊色于 WorldView-2 数据。因此，利用单一数据难以细化影像单元，应系统开展多源数据影像特征综合研究，建立具有代表性、区域可类比的遥感解译标志，以保证岩石地层单位准确划分［图 10-24（d）］。

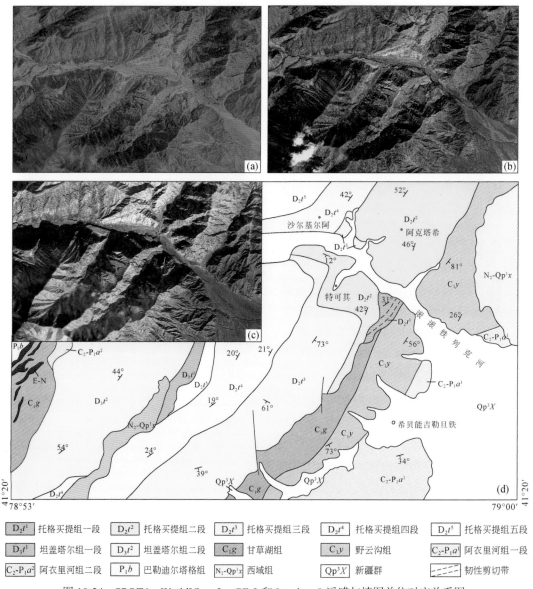

图 10-24　SPOT6、WorldView-2、GF-2 和 Landsat-8 遥感与填图单位对应关系图

（二）影像单元建立

本次填图试点过程中，对不同空间分辨率和光谱分辨率数据进行图像特征分析，采用多种遥感数据开展岩性、构造解译。工作流程一般为：①室内岩性解译，初步建立遥感解译标志及影像单元；②通过野外验证，完善遥感解译标志，分析影像单元与填图单元的对应关系；③完成遥感二次解译，开展路线地质调查和剖面测制，建立正式的岩石地层单位。

由此可见，影像单元划分是高山峡谷区填图单位划分的重要依据。以对沉积岩解译效果较好的 WorldView-2 遥感数据为例，介绍调查区沉积岩影像单元特征及与岩石地层单位的对应关系（表 10-6）。

表 10-6　调查区沉积岩影像单元特征及与岩石地层单位的对应关系

影像单元	综合解译标志	填图单位及代号	岩石组合特征
	灰色－灰蓝色色调、不规则影纹；地形平缓；扇状水系发育；植被不发育	$Qp^3X\text{-}Qh^{pal}$	砾石、沙土
	灰色－深灰色色调；块状影纹；中高山地貌，常形成陡崖、孤岭；水系、植被不发育	西域组二段 $N_2\text{-}Qp^1x^2$	灰色厚－巨厚层状粗砾岩夹巨砾岩透镜体
	浅灰色－灰色色调；块状影纹；中低山地貌；水系、植被不发育	西域组一段 $N_2\text{-}Qp^1x^1$	灰色厚－巨厚层状粗砾岩夹中细砾岩、少量透镜状砂岩、粉砂岩等
	灰白色－灰色色调；条带状、不规则状影纹；低山丘陵地貌，树枝状水系较为发育，植被不发育	库车组二段 N_2k^2	土黄色、浅黄色块状（粉砂质）泥岩与灰色厚层状砾岩不等厚互层
	灰白色色调；块状、透镜状影纹；低山丘陵地貌；树枝状水系较为发育，植被不发育	库车组一段 N_2k^1	土黄色、浅黄色块状（粉砂质）泥岩，夹灰色砾岩、黄色砂岩透镜体
	灰绿色－亮黄色色调；块状纹或条带状影纹；中高山地貌；水系、植被不发育	巴勒迪尔塔格组 P_1b	深灰色薄层状钙质板岩、砂岩夹灰岩
	紫红色色调；斑点状（植被覆盖引起）、条带状影纹；中低山地貌；水系不发育，植被发育	喀拉治尔加组 P_1k	紫红色砾岩、砂岩、粉砂岩

影像单元	综合解译标志	填图单位及代号	岩石组合特征
	土黄色、浅黄褐色色调；块状影纹，局部为斑块状影纹；中高山地貌；水系、植被不发育	阿衣里河组 $C_2\text{-}P_1a$	亮晶灰岩、泥晶灰岩，含珊瑚、䗴类化石
	灰黄色－灰绿色色调；斑块状或条带状影纹；中高山地貌；树枝状水系较为发育，植被不发育	野云沟组 C_1y	灰黑色薄层状泥晶灰岩夹钙质粉砂岩与厚层状泥晶灰岩不等厚互层，产丰富珊瑚、少量腕足类化石
	浅灰绿色－黄绿色色调；块状或条带状影纹；中高山地貌；水系较为发育，植被不发育	甘草湖组 C_1g	浅灰绿色（风化面呈灰黄色）厚层状钙质粉砂岩、粉砂质灰岩夹灰黑色薄层状灰岩
	灰黄色－灰绿色色调；弱条带状、斑杂状影纹；中高山地貌；树枝状水系较为发育；植被不发育	坦盖塔尔组二段 D_3t^2	灰黑色厚层状（生物碎屑）泥晶灰岩，夹浅灰绿色（风化面为黄色）薄层状钙质粉砂岩，含少量珊瑚化石
	灰黄色，略带绿色色调；块状、不规则状影纹；中高山地貌；树枝状水系较为发育；植被不发育	坦盖塔尔组一段 D_3t^1	深灰色－浅灰绿色（风化面为黄色）中薄层状粉砂质灰岩、钙质粉砂岩
	黄绿色－灰绿色色调，弱条带状、斑块状影纹；中高山地貌；水系、植被不发育	托格买提组五段 D_2t^5	深灰色中厚层状泥晶、亮晶灰岩，灰岩中产丰富珊瑚，少量腕足类化石
	土黄色－浅灰绿色色调；条带状影纹；中高山地貌，常形成陡坎；水系较为发育；植被不发育	托格买提组四段 D_2t^4	灰白色与灰色中厚层状亮晶灰岩，含大量腕足类和少量珊瑚化石，局部见密集虫孔

续表

影像单元	综合解译标志	填图单位及代号	岩石组合特征
	土黄色-浅灰色色调；块状、斑杂状影纹；中高山地貌，常形成陡坎和孤岭；水系、植被不发育	托格买提组三段 D_2t^3	深灰色与浅灰色中厚层状亮晶灰岩，含大量腹足类，少量腕足类、珊瑚化石
	灰色-浅灰褐色色调；块状影纹或弱条带状影纹；中高山地貌，常形成陡坎和孤岭；水系、植被不发育	托格买提组二段 D_2t^2	灰白色厚层状亮晶灰岩夹深灰色生物碎屑亮晶灰岩。产腹足类化石
	土黄色、浅灰褐色色调；条带状或斑杂状影纹；中高山地貌，常形成陡坎和孤岭；水系、植被不发育	托格买提组一段 D_2t^1	深灰色夹灰白色中厚层、中薄层状亮晶灰岩，发育腕足类、珊瑚化石
	棕黄色色调；块状影纹；中高山地貌；水系发育，植被不发育	中志留统 S_2	灰岩、砂岩、页岩

四、路线地质调查与剖面测制

沉积岩区路线地质调查与剖面测制是项目执行过程中不可缺少的技术方法和工作手段。通过路线地质调查与剖面测制表明不同填图单元遥感解译标志正确，所采用的技术方法具有有效性和适用性。查明了沉积岩的岩石类型、岩石结构、沉积构造、古生物组合、接触关系性质、基本层序构成、沉积序列等，并初步建立调查区填图单位。路线地质调查与剖面测制数量、布设方式、调查内容等见技术方法及野外地质调查相关章节。

第三节　沉积岩属性研究

一、地层时代

确定各地层的地质时代是地质调查研究中重要的基础工作，依据主要有生物地层、同位素测年、磁性地层等。调查区上古生界产丰富的各类化石，可提供较为充分的时代依据。化石种类主要有腕足类、腹足类、珊瑚、海绵、鏃类等，均由南京地质古生物研究所鉴定。有关化石的野外观察和采集要求请参阅《青藏高原区域地质调查野外工作手册》（张克信等，2001）等书籍。

（一）中泥盆统

托格买提组灰岩中生物扰动发育，产丰富的腕足类、腹足类和珊瑚化石。该组一段化石较破碎，可见极少量珊瑚化石。二段含腹足类：*Murchisonialiufengshanensis* Alex et Pan，*Murchisonia* cf. *bilineata* Arcmac et Verneuil，*M.* cf. *loxonemoides* Whidborne，*Meekospira* sp.。三段含腕足类：*Aqqikkolia kalachukaensis*；腹足类：*Crenulazonewuxuanensis* Alex et Pan，*Holopea* sp.，*Meekospira* sp.，*Murchisonialiufengshanensis* Alex et Pan，*M.* sp.，*M.* cf. *bilineata* Arcmac et Verneuil，*M.* cf. *loxonemoides* Whidborne，*M.* cf. *margaritata* Lotz，*M.* cf. *tricincta* Arcmac et Verneuil，*Naticopsis* cf. *antique* Goldfuss，*Wuxuanellabigranulosa*（Vemeuil）。四段含腕足类：*Geranocephalus tianshanensis*，*Parabornhardtina yunnanensis*，*Stringocephalus* sp.，*Zdimir* sp.；腹足类：*Euomphalids*，*Holopea* sp.，*Macrochilina* cf. *chatolina* Doris，*Meekospira* sp.，*Murchisonialiufengshanensis* Alex et Pan，*M.* sp.，*M.* cf. *bilineata* Arcmac et Verneuil，*M.* cf. *bilineataarchiaci*（Paeckelmann），*M.* cf. *margaritata* Lotz，*Naticopsis* cf. *antique* Goldfuss，*Wuxuanellabigranulosa*（Vemeuil）。五段含腕足类：*Spinatrypa* cf. *subbifidaeformis* Yang，*Stringocephalus* sp.，*Zdimir strachovi*（Andronov）；珊瑚：*Caliapora* sp.，*Disphyllum* sp.，*Temnophyllum* sp.。四段中发现的 *Stringocephalus* 是中泥盆世的标准化石（图10-25）。以上腕足类、珊瑚和层孔虫（图10-26）、腹足类化石组合的层位属中泥盆统吉维特阶。综上所述，托格买提组时代属中泥盆世吉维特期。

（二）上泥盆统

在坦盖塔尔组一段中采获珊瑚：近似切珊瑚（未定种）cf. *Temnophyllum* sp.，分珊瑚（未定种）*Disphyllum* sp.；二段中含腕足类化石：*Zdimirstrachovi*（Andronov）*Stringocephalus* sp.，珊瑚：*Aulopora* sp.，*Peneckiella* sp.，*Scoliopora* sp.；层孔虫：*Amphipora*。与前人观点一致，认为坦盖塔尔组时代属晚泥盆世。

1cm

图 10-25　托格买提组四段产腕足类化石 *Stringocephalus*

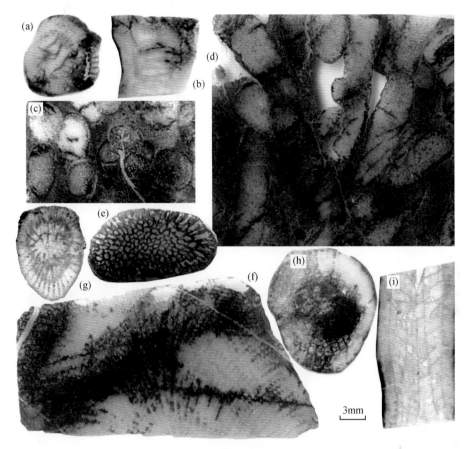

图 10-26　托格买提组的珊瑚和层孔虫化石

（a）和（b）潘涅克珊瑚（未定种）*Peneckiella* sp.，样号：pm11-5-1，横切面（a），纵切面（b）；（c）和（d）弯孔珊瑚（未定种）*Scoliopora* sp.，样号：pm11-20-1-1，横切面（c），纵切面（d）；（e）喇叭孔珊瑚（未定种）*Aulopora* sp.，样号：pm11-20-1-5，横切面；（f）双孔层孔虫 *Amphipora*，样号：pm11-20-1-3，横切面；（g）切珊瑚（未定种）*Temnophyllum* sp.，样号：pm4-24-1，横切面；（h）和（i）分珊瑚（未定种）*Disphyllum* sp.，样号：pm4-27-1，横切面（h），纵切面（i）

（三）下石炭统

野云沟组覆于甘草湖组之上，二者呈整合接触，主要含腕足类、海绵和珊瑚化石组合。

甘草湖组中采获的化石经南京地质古生物研究所鉴定，包括腕足类：*Gigantoproductus* sp.；珊瑚：*Antheria* sp.，*Calmiussiphyllum* sp.，*Caninia* sp.，*Clisiophyllum* sp.；海绵：*Chaetetes* sp.（图 10-27）。化石组合时代属早石炭世早期。本次工作同意前人意见，认为甘草湖组时代属早石炭世早期。

图 10-27 甘草湖组产珊瑚化石

（a）卡里米斯珊瑚（未定种）*Calmiussiphyllum* sp.，样号：pm10-103-1，横切面；（b）和（c）蛛网珊瑚（未定种）
Clisiophyllum sp.，样号：pm10-104-3，纵切面（b），样号：pm10-104-4，横切面（c）；（d）和（e）犬齿珊瑚（未
定种）*Caninia* sp.，样号：pm10-110-1，横切面（d），样号：pm10-110-2，纵切面（e）；（f）和（g）花珊瑚（未定
种）*Antheria* sp.，样号：pm10-104-5，斜切面（f），样号：pm10-104-7，横切面（g）

　　野云沟组在南天山分布极广，从西至东均有分布，新疆维吾尔自治区地质矿产局（1999）
认为其时代为早石炭世中期。本次在野云沟组中采获腕足类化石：*Bornhardina* sp.，
Emanuella sp.，*Megastrophta* sp.，*Spiriferida*，*Terebratulida*；珊瑚化石：*Bothrophyllum* sp.，
Caninia sp.，*Palaeosmilia* sp.；海绵：*Chaetetes* sp.，*Inozoans*（图 10-28），化石组合时代属石
炭纪。阿图什市巴什索贡地区野云沟组含腕足类：*Gigantoproductus latissimus*、*Productus
concinnus*、*Antiquatonia insculpta*、*Plicatifera plicatilis*、*Krotovia maltituberculata*、*Spirifer
elongata*、*Phricodothyris*、*Martinia mimma*、*M. assinuata*、*Ambocoelia raguschensis* 及
Camarotoechia 等（张梓歆，1988）。本次工作同意前人意见，认为野云沟组时代属早石炭世。

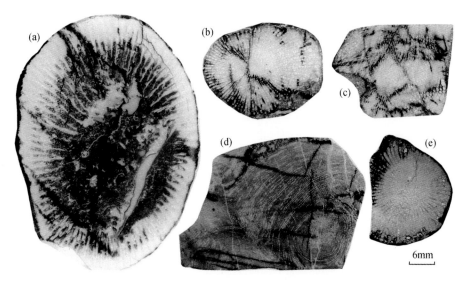

图 10-28　野云沟组产珊瑚和海绵化石

（a）犬齿珊瑚（未定种）*Caninia* sp.，样号：pm3-41-1，横切面；（b）和（c）古剑珊瑚（未定种）*Palaeosmilia* sp.，样号：pm3-41-5，横切面（b），纵切面（c）；（d）沟珊瑚（未定种）*Bothrophyllum* sp.，样号：pm3-47-3，横切面；（e）层孔海绵，样号：pm3-41-9，横切面

（四）上石炭统—下二叠统

调查区上石炭统—下二叠统包括阿衣里河组、喀拉治尔加组和巴勒迪尔塔格组，主要产䗴类化石，时代依据较强。

前人认为阿衣里河组时代为晚石炭世早中期（新疆地质矿产局地质矿产研究所，1991；新疆维吾尔自治区地质矿产局，1999）。本次在阿衣里河组采获了大量的䗴类和珊瑚化石。该组一段化石丰度较低，含䗴类：*Eoparafusulina* sp.，*Pseudoschwagerina* sp.，*Quasifusulina* sp.，*Triticitessamenkiangensis* Chen，*T.* sp.（图 10-29）；二段产丰富化石，包括䗴类：*Eoparafusulinainstabilis*（Bensh），*E.* sp.，*Pseudoschwagerina* sp.，*Quasifusulinaphaselus*（Lee），*Q.* sp.，*Schwagerina* sp.，*Sphaeroschwagerinamoelleri* Rauser，*S.* sp.，*Triticitesparasecalicus* Chang，*T.* sp.（图 10-30）和珊瑚：*Antheria* sp.，*Yakovleviella* sp.（图 10-31）。*Triticites* sp.、*Triticitessamenkiangensis* Chen 为逍遥期分子；*Schwagerina* sp. 和 *Quasifusulina* sp. 为逍遥期—紫松期常见分子；*Pseudoschwagerina* sp. 和 *Sphaeroschwagerinamoelleri* Rauser 为紫松期分子（张遴信，1963；张遴信等，2010；王玥等，2011）。因此，依据阿衣里河组新发现的䗴类化石组合，认为其时代不局限于晚石炭世，应归属晚石炭世逍遥期—早二叠世紫松期更为合理。

喀拉治尔加组和巴勒迪尔塔格组是本次从石炭系中解体出的地层。喀拉治尔加组一段的生物碎屑灰岩中含䗴类化石：*Quasifusulina* sp.，*Schwagerina* sp.（图 10-32），时代属早二叠世。巴勒迪尔塔格组中采获䗴类化石 *Sphaeroschwagerina* sp. 等，其时代亦属早二叠世。

二、沉积环境

沉积环境分析是沉积岩区地质调查研究的另一项重要工作。在泥盆纪—石炭纪，研究区为稳定的滨浅海沉积环境，经历了两次相对海平面由深到浅的变化；早二叠世，转为周缘前陆盆地的磨拉石和复理石沉积；之后造山，直到晚新生代上新世在造山带南缘进入陆相沉积。以下仅简要介绍研究区晚泥盆世—早石炭世早期滨岸沉积环境和早二叠世发育的周缘前陆盆地。

（一）晚泥盆世—早石炭世早期滨岸沉积环境

上泥盆统坦盖塔尔组沉积时期，沉积环境在继承中泥盆世碳酸盐岩开阔台地环境的基础上，陆源碎屑显著增多。该组下部为深灰色-浅灰绿色中薄层状粉砂质灰岩、钙质粉砂岩，上部为灰黑色中厚层状微晶灰岩，夹礁灰岩（图 10-33）、浅灰绿色薄层状钙质粉砂岩，含黄铁矿颗粒。但横向上变化明显，北部的阿衣里河一带发育生物礁和礁前角砾岩，生物礁包括 2 层珊瑚礁和 3 层海绵礁，礁前角砾则主要由腕足类、珊瑚、腹足类的壳体构成；南部则主要为灰黑色中厚层状微晶灰岩夹浅灰绿色薄层状钙质粉砂岩，普遍含黄铁矿颗粒，为还原环境。可见，北部为向海一侧的生物礁构成障壁，南部为礁后的潟湖环境。总体为障壁滨岸环境，较中泥盆世相对海平面有所降低。

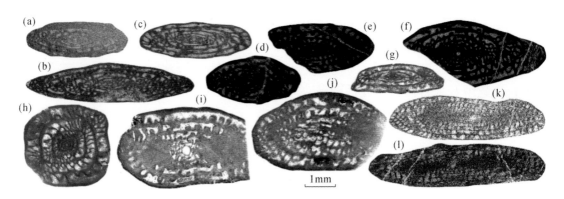

图 10-29 阿衣里河组一段𮫷类化石组合

（a）～（c）*Triticites* sp.，样号：D3031-1-1，轴切面；（d）～（f）*Triticites samenkiangensis* Chen，样号：D3031-1-2，轴切面；（g）*Pseudoschwagerina* sp.，样号：pm10-89-1，轴切面；（h）*Eoparafusulina* sp.，样号：pm10-89-1，旋切面；（i）和（j）*Eoparafusulina* sp.，样号：pm9-29-1，轴切面；（k）和（l）*Quasifusulina* sp.，样号：pm10-88-1，轴切面

图 10-30　阿衣里河组二段䗴类化石组合

1～5.*Eoparafusulinainstabilis*（Bensh），1.pm10-77-1-1，轴切面，2.pm10-77-1-2，旋切面，3.pm10-77-1-3，轴切面，4.pm10-77-1-4，旋切面，5.pm10-77-1-5，轴切面；6～10.*Eoparafusulina* sp.，6.pm9-13-1-5，轴切面，7.pm9-13-1-1，轴切面，8.pm010-78-2-3，旋切面，9.pm9-13-1-6，轴切面，10.pm010-78-2-4，轴切面；11～13.*Pseudoschwagerina* sp.，11.pm10-81-1-1，轴切面，12.pm10-84-1-2，轴切面，13.pm10-84-1-3，旋切面；14～15.*Quasifusulinaphaselus*（Lee），14.pm10-86-1-1，轴切面，15.pm10-86-1-3，轴切面；16～17.*Quasifusulina* sp.，16.pm7-15-2-6，轴切面，17.pm7-15-2-7，旋切面；18.*Schwagerina* sp.，pm10-86-1-2，轴切面；19～24.*Sphaeroschwagerinamoelleri* Rauser，19.pm7-16-4-3，轴切面，20.pm9-13-1-2，轴切面，21.pm9-13-1-4，旋切面，22.pm10-73-1-2，轴切面，23.pm10-77-1-6，轴切面，24.pm10-80-1，斜切面；25～26.*Sphaeroschwagerina* sp.，25.pm10-79-1，轴切面，26.pm010-78-2-1，旋切面；27～29.*Triticitesparasecalicus* Chang，27.Pm10-70-1-1，旋切面，28.Pm10-70-1-2，轴切面，29.Pm10-70-1-3，轴切面，30～41.*Triticites* sp.，30.pm7-15-2-1，轴切面，31.pm7-15-2-3，旋切面，32.pm7-15-2-4，轴切面，33.pm7-15-2-8，轴切面，34.pm7-16-1-2，轴切面，35.pm7-16-1-4，轴切面，36.pm7-16-3-2，旋切面，37.pm10-73-1-1，轴切面，38.pm10-81-1-2，旋切面，39.pm10-81-1-3，轴切面，40.pm10-84-1-1，轴切面，41.pm10-84-1-5，轴切面

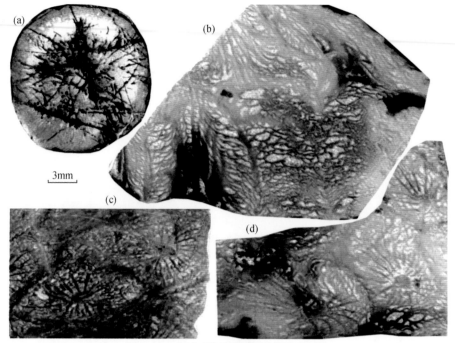

图 10-31　阿衣里河组二段珊瑚化石组合

（a）花珊瑚（未定种）*Antheria* sp.，样号：pm10-79-1，横切面；（b）～（d）雅科夫列夫珊瑚（未定种）

Yakovleviella sp.，样号：pm10-83-1，纵切面（b），横切面 ［（c）和（d）］

图 10-32　喀拉治尔加组一段䗴类化石

（a）*Schwagerina* sp.，样号：D1068-3-1；（b）和（c）*Quasifusulina* sp.，样号：D1068-3-1

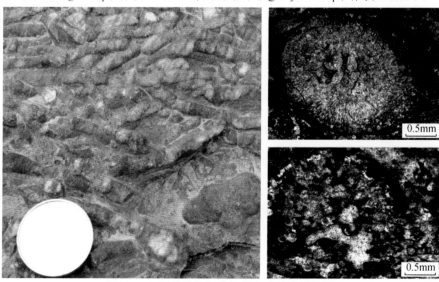

图 10-33　坦盖塔尔组礁灰岩宏观及镜下特征

　　下石炭统甘草湖组，岩性主体为钙质砂板岩夹少量灰岩，可见蕨类植物化石（图10-34）、遗迹化石（图10-35），局部夹礁灰岩（图10-36）、砾岩、鲕粒灰岩，发育交错层理（图10-37）、沟模（图10-38）、粒序层理（图10-39）等沉积构造。礁灰岩与砾岩透镜体是岸礁相的典型岩石组合。可见该沉积时期，陆源碎屑补给充分、水动能较大，且局部为岸礁及其后方的水道砾岩。甘草湖组基本继承了晚泥盆世的障壁滨岸沉积环境，但水体进一步变浅。近海一侧的阿衣里河一带为岸礁和沙坝组成的障壁岛，近陆一侧的克哈尔库一带大量发育潮汐水道（水道砾岩），二者之间为潟湖环境，以泥岩沉积为主，产遗迹化石。沉积亚相的空间配套表明古陆位于南部，与交错层理揭示的古水流向为北西向的结论是吻合的。

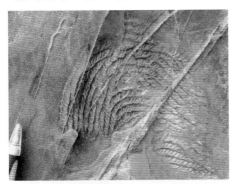

图10-34　甘草湖组产蕨类植物化石

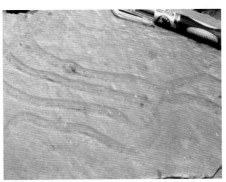

图10-35　甘草湖组遗迹化石

图10-36　甘草湖组礁灰岩

图10-37　甘草湖组发育交错层理

图10-38　甘草湖组发育沟模

图10-39　甘草湖组发育粒序层理

（二）早二叠世周缘前陆盆地

喀拉治尔加组和巴勒迪尔塔格组分别分布于调查区西南部和中北部,时代同属早二叠世。

喀拉治尔加组下部为灰绿色钙质粉砂岩夹生物碎屑灰岩,灰岩中含丰富的䗴类化石;上部为灰紫色砾岩、紫红色砂岩（图10-40）和粉砂岩,且碎屑粒度向上逐渐变粗。该组下部为潟湖相还原环境产出的钙质粉砂岩和生物碎屑灰岩;上部沉积相则发生重大转变,为磨拉石相红层,且由粉砂岩向砾岩逐渐变粗,说明物源区距离在迅速靠近。这代表古西南天山在早二叠世造山运动强烈,快速隆起。

图 10-40 喀拉治尔加组二段灰紫色砾岩和紫红色砂岩

巴勒迪尔塔格组岩性为灰色－深灰色薄层状砂板岩夹砂砾岩、灰色中厚层状生物碎屑灰岩。砂砾岩主要包括含生物屑及石英质砂的石灰岩质砾砂岩（图10-41）、含砾粗中粒砂岩（图10-42）、灰岩质中砾岩。其分选性、磨圆度均较差,次棱角状居多,填隙物为砂粒（细砂至粗砂均有）,砾石成分复杂,包括微晶灰岩、团粒灰岩、生物碎屑灰岩、细晶灰岩及少量的生物碎屑。沉积环境与下伏阿衣里河组碳酸盐台地环境相比,显然发生了重大转变,具有重力流沉积特征,为斜坡环境的复理石建造。

图 10-41 含生物屑及石英质砂的石灰岩质砾砂岩　　　图 10-42 含砾粗中粒砂岩镜下特征
（单偏光）　　　　　　　　　　　　　　　（正交偏光）

　　早二叠世的磨拉石建造和复理石建造在空间展布上具有很好的规律性：磨拉石建造位于南部边缘，复理石建造则大面积分布于中北部，反映了造山强烈期由陆向海的沉积相变化，分别代表了周缘前陆盆地的缓坡带或隆后亚相、陡坡带或前渊亚相，与张传恒等（2006）在塔里木西北缘的研究得出的结论一致。由此可知，西南天山晚古生代的盆地性质在二叠纪之初发生重大转变，由中泥盆世—石炭纪稳定的被动陆缘盆地转变为早二叠世的周缘前陆盆地。

第四节　技术方法评价

　　（1）沉积岩区采用图像数据特征分析法、高分和多光谱遥感数据协同岩性分类、沉积岩岩性解译、多源数据综合研究及影像填图单位建立、路线地质调查及剖面测制的有效技术方法组合，经过野外实地调查和生物化石研究，共建立了1个群级、10个组级填图单位，对其中6个组级填图单位划分出15个岩性段。不同级别影像填图单元与填图单位基本一致，技术方法有效。

　　（2）依据色调、影纹、地形地貌、水系等解译标志，新厘定了下二叠统喀拉治尔加组（分布于西南部）和巴勒迪尔塔格组（分布于中北部），完善了地层系统。其中，喀拉治尔加组上部出现以大套紫红色砾岩、砂岩为主的磨拉石沉积；巴勒迪尔塔格组为一套复理石沉积，与喀拉治尔加组的磨拉石沉积一起揭示了碰撞造山过程的开始，分别代表近海一侧和近陆一侧的沉积响应，这是南天山构造环境发生重大转变的有力证据。

第十一章 岩浆岩区地质调查

第一节 概 述

天山造山带是中亚巨型复合造山系的组成部分，是古亚洲洋在形成、演化和消亡过程中陆壳增生、俯冲－消减－碰撞造山和拼合的产物。晚古生代中晚期天山造山带进入造山后伸展和大陆裂谷演化阶段，形成大量的岩基和岩株。晚古生代晚期－中生代处于陆内演化阶段，岩浆活动逐渐减弱。工作区位于西南天山造山带和塔里木克拉通结合部位，晚古生代以来以被动陆缘沉积为主，岩浆活动较弱。出露的岩浆岩包括早二叠世二长花岗岩、正长花岗岩（少量）及晚三叠世镁铁－超镁铁质层状杂岩（图 11-1）。二长花岗岩分布在测区东北部，形成于碰撞造山后期，具有 A 型花岗岩特征；镁铁－超镁铁质层状杂岩分布在测区中西部，形成于造山作用结束之后的板内造山阶段，指示西南天山地区在三叠纪末可能存在一期岩石圈伸展事件。

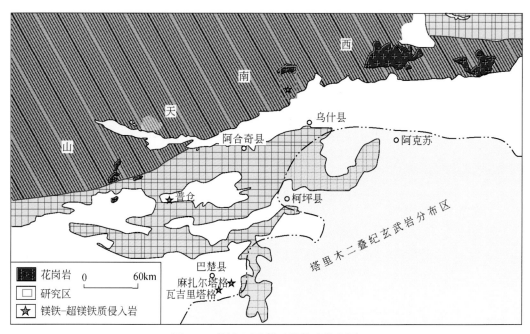

图 11-1 调查区及邻区岩浆岩分布图

第二节　有效技术方法选择及应用效果

二长花岗岩出露面积相对较大，解译标志明显，技术方法选择容易；正长花岗岩常年被积雪覆盖，解译程度很低，人员无法到达。基性－超基性质层状杂岩体分布在乌什北巴勒的尔喀克沟地区，该层状杂岩体整体呈北东－南西向侵位于下石炭统甘草湖组，但层状杂岩体出露范围有限，色率与石炭系岩石色率近于一致，遥感图像不易区分。因此，技术方法选择的重点应为岩浆岩的识别和空间展布特征的研究。

一、高分、多光谱遥感数据协同岩性分类

本项目选择 GF-2 遥感数据和 Landsat-8 遥感数据协同开展岩性分类。GF-2 全色分辨率为 0.81m，多光谱分辨率为 3.24m。4 个多光谱波段范围分别为 0.45 ～ 0.52μm、0.52 ～ 0.59μm、0.63 ～ 0.69μm 和 0.77 ～ 0.89μm，全色波段范围为 0.45 ～ 0.90μm。Landsat-8 上携带两个主要荷载（OLI 和 TIRS），OLI 陆地成像仪包括 9 个波段（波段范围分别为 0.433 ～ 0.453μm、0.450 ～ 0.515μm、0.525 ～ 0.600μm、0.630 ～ 0.680μm、0.845 ～ 0.885μm、1.560 ～ 1.660μm、2.100 ～ 2.300μm、0.500 ～ 0.680μm、1.360 ～ 1.390μm），空间分辨率为 30m，OLI 包括了 ETM+ 所有波段，并对波段进行了重新调整。野外调查显示，单一高分遥感图像解译标志不明显（图 11-2），而 GF-2 和 Landsat-8 协同图像突出了不同类型岩石的色调差异，提高了对基性－超基性层状杂岩体的空间分解能力（图 11-3）。

图 11-2　基性－超基性层状杂岩体　　　图 11-3　基性－超基性层状杂岩体 GF-2
　　　　WorldView-2 图像　　　　　　　　　　和 Landsat-8 协同图像

二、岩浆岩区岩性解译

前已叙及，调查区出露岩浆岩类型为早二叠世二长花岗岩及晚三叠世镁铁－超镁铁质层状杂岩。岩浆岩遥感解译内容包括遥感影像特征分析、遥感解译标志建立及遥感解译标

志确认三部分内容。

（一）岩浆岩遥感影像特征分析

岩浆岩成分、结构、构造、产出位置、抗风化剥蚀能力直接影响到岩浆岩的图像特征。此外，岩石的裂隙发育程度对岩浆岩图像特征也有影响。早二叠世二长花岗岩和晚三叠世镁铁－超镁铁质层状杂岩在遥感图上的色调、纹形、地形地貌等特征要素差异明显。前者色调一般较浅，呈浑圆状、椭圆状或不规则状，块状影纹，因切割较深，形成陡崖。后者呈深色调，条带状、斑杂状、斑块状影纹，高山地貌。

（二）岩浆岩遥感解译标志建立

调查区岩浆岩出露地区海拔较高、切割较深，植被不发育。因此，可从色调和色彩、影纹、水系等方面建立遥感解译标志。

1. 岩浆岩解译的色调与色彩标志

二长花岗岩以浅色矿物为主，暗色矿物含量低，岩石反射率较高，由于风化蚀变，WorldView-2 遥感图像上呈深灰色色调（图 11-4 ），与围岩色调区分较大，解译标志明显（图 11-5 ）。镁铁－超镁铁质层状杂岩暗色矿物含量高，浅色矿物含量低，岩石反射率低，呈紫色、褐紫色色调（图 11-3 ），与围岩色调差异较为明显。

 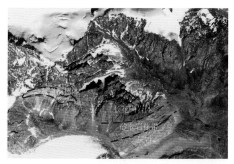

图 11-4　二长花岗岩 WorldView-2 遥感影像图　　　图 11-5　二长花岗岩与围岩侵入接触关系

2. 岩浆岩影纹与水系标志

二长花岗岩在 WorldView-2 遥感图像上呈块状影纹，岩体中若含大量围岩捕房体或与围岩接触部位为斑块状影纹，水系不发育。镁铁－超镁铁质层状杂岩在 GF-2 和 Landsat-8 协同图像（图 11-3 ）上为条带状、斑块状影纹，发育稀疏树枝状水系。

3. 地形地貌与植被标志

侵入岩一般形成穹状低缓圆滑丘陵或高山地貌，调查区二长花岗岩分布区切割较深，常形成陡崖或陡坎，植被不发育。镁铁－超镁铁质层状杂岩出露位置海拔较高，形成高山地貌，植被不发育。

4. 接触关系遥感解译

图 11-5 显示，测区二长花岗岩与上石炭统—下二叠统阿衣里河组接触部位形成夕卡

岩化带，其色调变深，且二长花岗岩体中发育色调相对较浅的灰岩捕虏体，由此推断岩体形成时代应晚于阿衣里河组。镁铁－超镁铁质层状杂岩体呈脉状、枝状穿插于石炭系中，二者侵入接触关系明显（图 11-3）。

（三）岩浆岩遥感解译标志确认

（1）野外实地验证显示调查区岩浆岩区建立的色调、影纹、水系等解译标志具有代表性，可作为区域解译的类比标准。

（2）野外实地验证显示调查区岩浆岩区建立的色调解译标志具有一定规模和相对清晰的边界，延伸相对稳定。

（3）经过不同地质调查人员野外实地验证，调查区岩浆岩区建立的解译标志具有一致性。

三、基于 ASTER 热红外遥感数据的矿物化学填图

研究表明 Si-O 键在可见光反射红外波段（$0.4 \sim 0.25 \mu m$）没有光谱特征，而在热红外大气窗口（$8 \sim 12 \mu m$）有强烈的基频振动，矿物的热红外发射率光谱与矿物氧化物之间存在一定的相关性，且热红外发射率光谱具有线性混合的特点。实践表明，单矿物氧化物含量拟合结果与岩石拟合结果一致（Hamilton et al.，2001；闫柏琨等，2006）。因此，可在发射率光谱数据与矿物的氧化物之间建立模拟函数关系，以及表征硅酸盐矿物 SiO_2 含量的 SiO_2 指数与 SiO_2 含量的定量关系。目前较为成熟的方法为利用 ASTER 热红外提取矿物中 SiO_2，而 SiO_2 含量较高的地区代表硅化较强或石英含量较高的岩石。本项目利用 ASTER 热红外遥感定量反演地表岩石的 SiO_2 量（图 11-6），通过实践表明，该方法对侵入岩较为有效，通过计算 SiO_2 含量，从而判断岩石的性质（超基性、基性、中性、酸性等）。

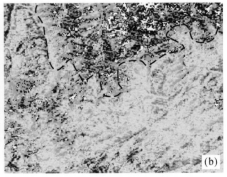

图 11-6　基于 ASTER 热红外的 SiO_2（a）和 MgO（b）含量反演结果

由图 11-6（a）可知，黑虚线范围内 SiO_2 含量大于 63%，图 11-6（b）显示黑虚线范围内 MgO 含量小于 3%，表明岩石中镁铁质矿物含量较少，且二者黑虚线范围基本一致，综合说明该岩石为中酸性岩类。野外查证及地球化学测试分析显示，该区域岩性为二长花岗岩，SiO_2 含量为 62.74% ～ 69.50%，MgO 含量为 0.68% ～ 1.18%。技术方法实验结果与野外验证结果较为吻合，可为岩石定性提供依据。

四、路线地质调查

调查区北部通行条件极差，二长花岗岩分布区仅存 1 条可穿越的沟谷。镁铁 - 超镁铁质层杂岩体出露的中部地区，存在可通行的沟谷。路线地质调查显示不同填图单元遥感解译标志正确，所采用的技术方法具有效性和适用性。基本查明了岩体与杂岩体的物质组成、结构构造、变质变形及与围岩的接触关系等，并采集必要的年代学、地球化学等测试样品。路线布设位置及调查方法见第三章第二节。

第三节　岩浆岩属性研究

一、英阿特岩体

（一）基本地质特征

新疆乌什北英阿特岩体主要为二长花岗岩及少量正长花岗岩、辉石闪长岩，岩体在国内出露面积约 $10km^2$，多半被冰川积雪覆盖。岩体侵位于上石炭统阿衣里河组中厚层状灰岩中，侵入边界清晰，接触变质作用显著，发育夕卡岩带（图 11-7）。夕卡岩带宽度可达 150m，特征矿物主要有石榴子石、电气石等，局部磁铁矿化。二长花岗岩边缘相为中细粒，中央相为粗粒结构（图 11-8），岩石中发现大量的闪长岩包体及石英闪长玢岩包体。闪长岩包体形态多为椭圆状、拖尾状、不规则状，大小不等，一般为 3 ～ 10cm，大者可达 1 ～ 2m，含量不均（图 11-9 ～图 11-11）。包体与寄主岩界线模糊，可见明显的成分交代现象，包体中常见有源自于寄主岩石的斜长石斑晶。石英闪长玢岩为似斑状结构（图 11-12），斑晶均为斜长石，粒径接近寄主岩石特征，可达 2cm 以上，并具有明显的环带，部分呈椭圆状（图 11-13），表现出低程度岩浆混合的特点。因此，可推测闪长质岩浆稍早或者与二长花岗质岩浆近同时侵位。

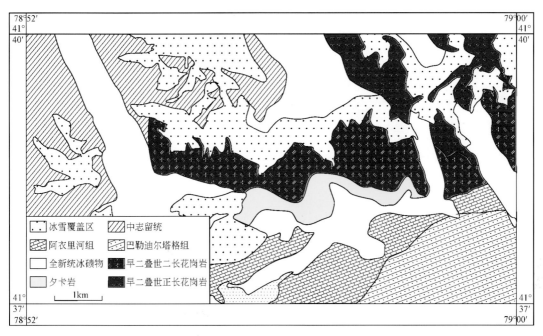

图 11-7　新疆乌什北英阿特岩体出露区地质简图

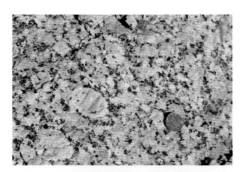

图 11-8　粗粒二长花岗岩

图 11-9　闪长质包体（1）

图 11-10　闪长质包体（2）

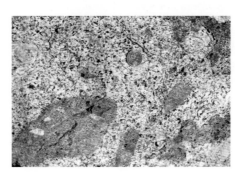

图 11-11　闪长质包体（3）

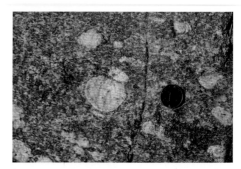

图 11-12　石英闪长玢岩　　　　　　　图 11-13　石英闪长玢岩中部分斑晶呈椭圆形

（二）岩石学与岩相学

经镜下薄片鉴定分析，该岩体岩性包括角闪黑云二长花岗岩、黑云母正长花岗岩、辉石闪长岩等，包体岩性为黑云角闪石英闪长玢岩、闪长岩，具体岩性描述如下。

角闪黑云二长花岗岩：岩石为浅灰黄色－浅白色，粗粒结构，块状构造。由于岩石结晶程度高，显微镜下视域狭小，手标本更易于估算不同矿物相对含量。碱性长石，浅黄白色，略带红色，自形板状，粒径粗大，一般为 0.5～2cm，含量约 35%；斜长石，浅白色，自形－半自形板状，粒径为 0.5～1cm，含量约 30%；石英，烟灰色，呈他形粒状充填，粒径为 0.3～5mm，含量为 15%～25%；暗色矿物包括黑云母、角闪石。黑云母灰黑色，片状，含量约 8%。角闪石，黑色，柱状，含量小于 5%。镜下观察，碱性长石以正条纹长石为主，斜长石常见聚片双晶、复合双晶（图 11-14）；石英为他形片状充填于长石颗粒间隙中；暗色矿物主要为黑云母，呈自形片状，一组极完全解理（图 11-15）；辉石含量较少，仅少量呈粒状产出。此外可见少量榍石、磷灰石及不透明金属矿物。

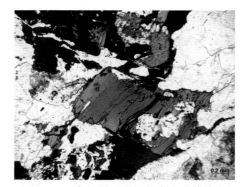

图 11-14　角闪黑云二长花岗岩（正交偏光）　　图 11-15　角闪黑云二长花岗岩（单偏光）

黑云母正长花岗岩：岩石手标本为浅灰色－浅肉红色，粗粒结构，块状构造。手标本观察：碱性长石，浅红色，自形板状，粒径为 1～2cm，含量约 45%；斜长石，浅白色，板状，粒径为 0.5～1cm，含量约 25%；石英呈粒状，含量为 20%～25%，暗色矿物为黑云母，黑色片状，含量约 10%。镜下观察：岩石为半自形粒状结构（图 11-16），碱性长石为浅黄白色，单偏光镜下表面浑浊，以条纹长石为主，少量微斜长石；斜长石无色，可见聚片双晶，局部绢云母化；石英无色，他形片状充填于长石颗粒间隙；黑云母为薄片状，浅褐色-深褐色，多色性显著（图11-17）。榍石、磷灰石少量。

图11-16　黑云母正长花岗岩（正交偏光）　　　图11-17　黑云母正长花岗岩（单偏光）

黑云角闪石英闪长玢岩：岩石手标本为浅灰色-深灰色，中-细粒结构、似斑状结构，块状构造。镜下观察为半自形粒状结构（图11-18、图11-19），主要矿物为斜长石、角闪石、石英，以及少量黑云母。斜长石呈自形板状-柱状，部分具有环带结构，以中长石为主，聚片双晶常见，轻微绢云母化、黝帘石化，含量为45%～50%；角闪石为半自形板状，浅绿色-绿色，多色性明显，$c \wedge N_g'$约22°，属于普通角闪石，含量约40%；黑云母，半自形，含量约5%；石英，他形粒状，含量约5%。

图11-18　黑云角闪石英闪长岩（单偏光）　　　图11-19　黑云角闪石英闪长岩（正交偏光）

辉石闪长岩：岩石手标本为深灰色-灰黑色，细粒结构，块状构造。镜下为半自形粒状结构（图11-20、图11-21），主要矿物为角闪石、斜长石、辉石，以及不透明金属矿物。角闪石为半自形柱状，粒径为0.4～0.6mm，浅绿色-深绿色，多色性明显，正中突起，两组斜交解理，含量约50%；斜长石为半自形板状，粒径为0.2～0.5mm，常见聚片双晶，部分黝帘石化，含量约40%。辉石为他形不规则状，正高突起，两组近垂直解理，干涉色高，部分蚀变为透闪石，且边缘常见角闪石反应边，含量约10%。

图 11-20 辉石闪长岩（单偏光） 　　　　图 11-21 辉石闪长岩（正交偏光）

（三）地球化学

1. 分析测试方法

选取较为新鲜的样品，去除风化面后分装、标号。样品的主量、微量、稀土元素测试在西安地质调查中心国土资源部岩浆作用成矿与找矿重点实验室完成，主量元素采用 PANalytical 公司 PW4400 型 X 射线荧光光谱仪（XRF）测定，分析误差低于 5%。微量元素和稀土元素采用 Thermo Fisher 公司 X-series Ⅱ 型电感耦合等离子质谱仪（ICP-MS）测定，相对标准偏差优于 5%。

2. 分析结果

样品地球化学分析结果显示，二长花岗岩属于亚碱性系列、准铝质岩石；正长花岗岩属于碱性系列（个别样品数据落在碱性系列与亚碱性系列界线附近，具有向碱性岩过渡的特征）、准铝质岩石；辉石闪长岩和石英闪长玢岩均属碱性岩系列、准铝质岩石。石英闪长玢岩 SiO_2 含量、K/Na 值、$Mg^{\#}$ 等介于辉石闪长岩、二长花岗岩之间，体现出混合岩的特征。辉石闪长岩各主要氧化物与 SiO_2 含量变化特征明显区别于二长花岗岩和正长花岗岩，指示其并非同源岩浆演化的产物。石英闪长玢岩主要氧化物与 SiO_2 含量变化特征接近二长花岗岩与正长花岗岩，但部分氧化物（如 Al_2O_3、Na_2O、K_2O、MnO）与 SiO_2 含量变化无明显相关性。辉石闪长岩稀土微量元素特征明显区别于二长花岗岩与正长花岗岩，而石英闪长玢岩原始地幔标准化微量元素配分图上不同程度富集 Th、U、Zr、Hf 等元素，亏损 Nb、Ta、Ti 等元素，微量元素特征接近二长花岗岩与正长花岗岩，同样指示石英闪长玢岩可能为辉石闪长岩与二长花岗岩或者正长花岗岩混合作用的产物。Sr-Nd-Pb 同位素指示辉石闪长岩 - 石英闪长玢岩 - 正长花岗岩 - 二长花岗岩源区可能具有壳幔混源的特点。

（四）年代学

1. 分析测试方法

锆石挑选由西安地质调查中心国土资源部岩浆作用成矿与找矿重点实验室完成。首先将样品破碎至约 100μm，采用磁法和重液分选，然后对分离出来的锆石在双目镜下挑选出结晶好、透明度好、无裂隙、无包体的颗粒，用环氧树脂固定并抛光。锆石阴极发光图像（CL）分析及 LA-ICP-MS 法锆石微区 U-Pb 年龄测定均在西北大学大陆动力学国家重点实验室进行。锆石阴极发光图像在 FEI 公司生产的场发射扫描电镜附属的 Mono CL3+ 系统上进行。LA- ICP-MS 锆石微区 U-Pb 年龄测定采用 Agilent7500 型 ICP-MS 和德国 Lambda Physik 公司的 ComPex102 ArF 准分子激光器（工作物质 ArF，波长 193nm），以及 MicroLas 公司的 GeoLas200M 光学系统联机进行。激光束斑直径为 30μm，激光剥蚀深度为 20 ～ 40μm。应用 Glitter（Ver 4）程序对获得的锆石 U-Pb 年龄数据进行计算分析，利用 ^{208}Pb 矫正法对普通 Pb 进行校正，利用 NIST610 作为外标、^{29}Si 作为内标校正锆石微量元素，采用 Isoplot（ver3.0）绘制锆石 U-Pb 年龄谐和图、计算 MSWD 值，具体步骤参考相关文献（Andersen，2002；Ludwig，2003）。

2. 分析结果

项目组对二长花岗岩、正长花岗岩及辉石闪长岩采集年龄样品，经过锆石挑选、制靶及阴极发光照相，并选用 LA-ICP-MS 方法对具有典型岩浆锆石特征的锆石进行分析测试。测试结果显示二长花岗岩形成时代为 292.0 ± 2Ma（MSWD=1.25，N=41），正长花岗岩形成时代为 285 ± 2Ma（MSWD=1.8，N=21）。辉石闪长岩形成时代为 296.9 ± 4Ma（MSWD=3.6，N=18）。根据 2015 年国际地质年代表，上述三组年龄均属于早二叠世。

（五）构造环境

二长花岗岩、正长花岗岩地球化学特征显示二者属于 A 型花岗岩，形成于拉张环境，为该地区岩浆演化最晚阶段的产物。但岩体富集大离子亲石元素 Rb、Ba，Th、U 亦明显富集，高场强元素 Nb、Ta、P、Ti 等强烈亏损，区别于典型的板内岩浆，体现出岛弧岩浆的特征。结合区域地质演化特征，其可能形成于后碰撞构造环境，且岩浆源区受俯冲流体交代，岩体中大量闪长岩包体及岩浆混合作用的产物（石英闪长玢岩）指示西南天山该期花岗岩的形成可能与幔源底侵岩浆密切相关。

二、巴勒的尔喀克沟镁铁－超镁铁质层状杂岩体

（一）基本地质特征

巴勒的尔喀克沟镁铁－超镁铁质层状杂岩体大地构造位置属于前人厘定的西南天山晚古生代构造岩浆岩带。该层状杂岩体整体呈北东－南西向侵位于下石炭统甘草湖组钙质粉砂岩、泥质板岩中（图 11-22）。目前已厘定出数十条枝状（脉状）产出的镁铁－超镁铁质岩体，并伴随有镁铁质细脉，产状主要受层间裂隙控制。岩体厚度为 100 ～ 200m，延伸约 1km。岩体与围岩接触带上可见明显的冷凝边［图 11-23（a）］，而其内部则有明显的层状分异特征，可见橄榄辉石岩－辉石岩－辉长岩－辉石闪长岩（闪长岩）层状韵律［图 11-23（c）～（e）］，不同的岩性层厚度变化大，主体以辉石岩层、辉长岩层为主，厚度为 5 ～ 10m，橄榄辉石岩层厚度一般为 1 ～ 2m，闪长岩层与辉石闪长岩层厚度通常小于 1m。不同岩性层之间界线渐变过渡，表现为矿物种类（主要为橄榄石、辉石）含量及结晶程度的连续变化［图 11-23（d）］。

此外，相伴产出的基性岩脉与层状岩体产状一致，厚度为1～3m，延伸小于300m[图11-23(b)]。

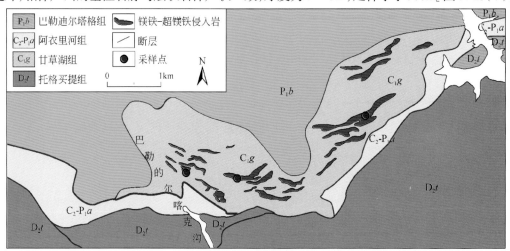

图 11-22　新疆乌什北巴勒的尔喀克沟一带地质图

图 11-23　巴勒的尔喀克沟层状杂岩体野外宏观特征

（a）岩体侵入边界；（b）岩脉；（c）橄辉岩；（d）辉石岩与辉长岩；（e）层状韵律特征

（二）岩石学与岩相学

岩石镜下特征如图11-24所示。橄辉岩、辉石岩具有正堆晶结构、似斑状结构、嵌晶结构。主要堆晶相为橄榄石、单斜辉石，其次为斜方辉石，基质富含角闪石［图11-24（a）～（c）］。橄榄石多蛇纹石化，少量保存完好，辉石多透闪石（纤闪石）化；辉长岩（辉石闪长岩）为辉长－辉绿结构，斜长石自形－半自形，辉石以普通辉石为主，半自形，局部透闪石化。角闪石为自形、长柱状，长轴略定向。此外，可见少量的钛铁矿［图11-24（d）、（e）］；闪长岩中角闪石呈自形、短柱状，表面黏土化，但仍保留有六边形轮廓。长石呈他形充填，此外可见较多的长柱状、针状磷灰石［图11-24（f）］。

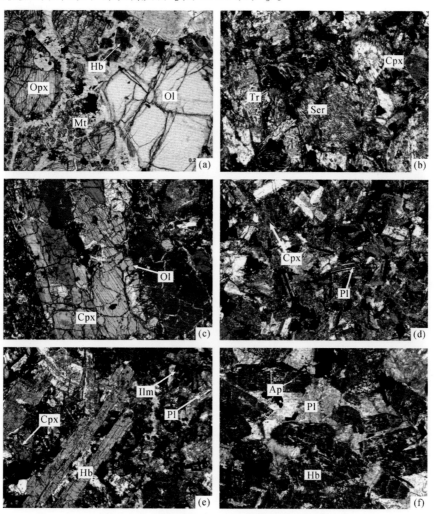

图11-24　巴勒的尔喀克沟岩体镜下岩石特征

（a）橄辉岩（－）；（b）蛇纹石化、透闪石化橄辉岩（＋）；（c）含橄榄辉石岩（＋）；（d）辉长岩（＋）；（e）辉石闪长岩（＋）；（f）闪长岩（－）。Ol. 橄榄石；Opx. 斜方辉石；Cpx. 单斜辉石；Tr. 透闪石；Ser. 蛇纹石；Hb. 角闪石；Pl. 斜长石；Mt. 磁铁矿；Ilm. 钛铁矿；Ap. 磷灰石

（三）地球化学

样品地球化学数据显示橄辉岩、辉石岩 SiO_2、MgO、FeOt、TiO_2、Al_2O_3、CaO 含量高，K_2O、Na_2O、P_2O_5 含量低；橄辉岩 $Mg^\#$ 值平均为 77.12，辉石岩 $Mg^\#$ 值平均为 74.29，均高于地幔原始岩浆值，具有堆晶岩的特征。辉长岩（层状）富 Al_2O_3、CaO，$Mg^\#$ 值平均为 64.69。基性岩脉 MgO 相对较高，$Mg^\#$ 值平均为 67.7，接近地幔原始岩浆值。闪长岩与辉石闪长岩富 Al_2O_3、CaO、TiO_2、FeOt，全碱含量高，MgO 含量较低，$Mg^\#$ 值分别平均为 52.7、48.6，明显低于原始岩浆值，具有分异残留岩浆的特征。以上岩石样品均属于碱性系列，从超镁铁质岩到镁铁质岩岩石稀土元素总量逐渐增加，所有岩石样品在粒陨石标准化后的稀土元素配分模式图中均表现为轻稀土富集、重稀土亏损的配分模式，Eu 平坦或弱负异常，与 OIB 特征一致。在原始地幔标准化的微量元素蛛网图中不同岩性特征总体相似，指示其为同源岩浆演化的产物。Th、U、Nb、Ta、La、Ce 等不相容元素明显富集，具有 OIB 的特征。

巴勒的尔喀克沟层状杂岩体岩石地球化学分析显示其富水、富碱、轻稀土富集、重稀土亏损，明显富集 Th、U、Nb、Ta、La、Ce 不相容元素等特征，指示其源自于富集型地幔源区，是石榴子石二辉橄榄岩较低程度部分熔融的产物。其原生岩浆可能为富铁、钛的高镁玄武质岩浆，岩石系列主要受分离结晶作用控制，同化混染作用影响小。

（四）年代学

在辉长岩样品中挑选了约 40 粒锆石，用 LA-ICP-MS 方法对具有典型岩浆锆石特征（阴极发光图像具典型震荡生长环带，锆石粒径为 50～150μm，为柱状自形晶体，长度和宽度比为 1.5：1～3：1）的锆石进行分析测试（图 11-25），获得了 17 个有效年龄数据，其 Th、U 含量高，Th/U 为 0.29～1.63，平均为 0.64，与岩浆锆石特征一致。获得 $^{206}Pb/^{238}U$ 的加权平均年龄为 224±4Ma（MSWD=1.25，N=17，图 11-26）。根据 2015 年国际地质年代表，认为该层状杂岩体形成于晚三叠世。

（五）地质意义

多数学者认为古亚洲洋在天山地区复杂的增生造山作用过程在晚古生代就已经结束，该期岩浆活动更可能形成于陆内造山阶段，与洋盆闭合、碰撞造山活动无关，代表了板块拉伸背景下幔源岩浆演化的产物，但其深部的动力学机制仍有待进一步研究。值得注意的是，罗金海等（2006）在塔里木盆地西缘发现形成于晚三叠世—早侏罗世的辉绿岩脉，并认为其具有地幔柱的成因特征。结合区域地质演化背景，本书综合认为该期岩浆活动形成于南天山洋盆闭合、板块碰撞造山活动之后的陆内造山阶段，代表了板块拉伸背景下幔源岩浆演化的产物，指示西南天山地区在三叠纪末可能存在一期岩石圈伸展事件。

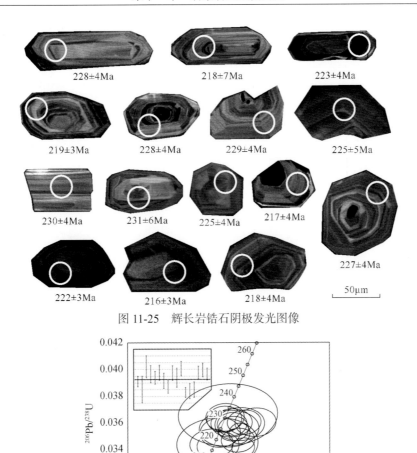

图 11-25　辉长岩锆石阴极发光图像

图 11-26　辉长岩 U-Pb 年龄协和图

第四节　技术方法评价

（1）在测区建立了两个岩浆岩影像单元，与填图单位一致，技术方法有效。特别是巴勒的尔喀克沟镁铁－超镁铁质层状杂岩体的发现，对区域构造演化的研究具有重要意义。

（2）基于 ASTER 热红外遥感数据的矿物化学填图方法对侵入岩较为有效，有利于侵入岩性质的确定，但具体岩类的划分还需进一步研究。

第十二章　构造地质调查

第一节　概　述

测区大地构造位置处于西南天山造山带与塔里木克拉通的结合部位，根据构造变形特征及变形样式，大致以乌恰－乌什－库尔勒断裂为界划分西南天山造山带和塔里木板块北缘断拗带（高俊等，2009）。各构造单元经历了不同构造演化阶段，多期叠加作用明显，变形复杂。西南天山造山带主要为中泥盆统—下二叠统组成的逆冲－褶皱带，卷入的地层包括中泥盆统托格买提组、上泥盆统坦盖塔尔组、下石炭统甘草湖组和野云沟组、上石炭统—下二叠统阿衣里河组、下二叠统喀拉治尔加组和巴勒迪尔塔格组；塔里木板块北缘断拗带是由上新统库车组和更新统西域组构成的宽缓褶皱，其上与新疆群呈角度不整合覆盖。

第二节　有效技术方法选择及应用效果

调查区构造形迹多样，变形复杂，需要进行有效的技术方法选择才能合理利用遥感资料开展构造遥感解译和填图工作。通过构造地质解译，确定各种构造形迹的类型、形态、规模、分布及规律、组合和交切关系、性质等，为构造变形序列的建立奠定基础。

一、褶皱构造解译及解译标志

利用遥感影像宏观、概略的特点，首先在中小比例尺影像图上总体观察，识别褶皱构造的总体轮廓，然后选取合适的部位在大比例尺图像上建立褶皱解译标志，结合野外产状及剖面特征等分析褶皱的类型、性质等（辜平阳等，2016），最后综合解译结果及典型区段构造样式等研究褶皱与其他构造的关系（图12-1）。

（一）色调标志

色调或色调组合的对称分布。测区遥感影像的色调差异在薄层粉砂岩与灰岩互层地区表现明显［图12-1（a）］，呈墨绿色－黄灰色条带状影纹相间，且色调组合对称分布，构成典型的褶皱解译标志。

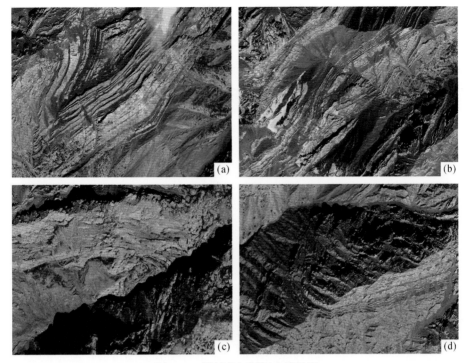

图 12-1　褶皱的解译标志及效果

（二）形态标志

在遥感影像上呈圈闭或半圈闭的圆形，图形具明显对称性〔图 12-1（b）、（c）〕。结合地形及岩层分布特征（岩石或岩石组合的圈闭或对称性），以不同影纹结构体的弯曲、转折和倾伏可大致确定褶皱构造是否存在，再根据实际产状进行地层勾勒和合理填绘。

（三）水系标志

褶皱两翼的水系通常沿着两坚硬岩层间的软弱岩层平行于岩层走向流动，支流则沿着顺向坡及逆向坡流动，由支流的相对长度、疏密程度及类型可推断岩层的倾斜方向〔图 12-1（d）〕。在构造隆升区，水系类型随着剥蚀作用的进行而不断调整，褶皱转折端可能由主流的弯曲绕行及散开状或收敛状的水系型式反映出来。一般正常褶皱的两翼往往具有对称或相似的水系型式。通常背斜构造具有外倾转折端及撒开状水系，河流在通过背斜转折端时多呈绕行的弧形弯曲形态；向斜构造具有内倾转折端及收敛状水系。此外，不同地貌下形成的放射状、向心状、环形水系也应该是褶皱存在的标志。

（四）植被标志

植被常沿着层间能干性较弱的层系生长，随着岩层弯曲、转折、圈闭、对称分布等位态的改变，植被也可能呈现同样的特点〔图 12-1（c）〕。

（五）褶皱类型解译

褶皱在平面上出露的形态在遥感图像上最容易区分。若影像体对称分布，且长度和宽度之比大于 10 ：1，是一种狭长形褶皱，即线状褶皱；若影像体对称分布，且长度和宽度之比为 3 ：1 ～ 10 ：1，为短轴褶皱［图 12-1（b）］。当能干性强的岩层中发育能干性较弱的岩层时，在主褶皱翼部或转折端形成次级褶皱，如褶皱转折端部位常形成"M"形褶皱［图 12-1（c）］。

二、断裂构造解译及解译标志

在遥感地质解译过程中，线性构造的解译程度最高，应用遥感影像解译线性构造能够大大提高高山峡谷区野外工作效率。此外，利用遥感影像具有宏观的概括能力，可使个别的、分散的迹象与线性构造联系起来，有助于识别出地面工作中不易发现或遗漏的断裂构造，有效地弥补了地面地质工作的不足，从而不断提高地质填图的工作效率，更有助于填图精度的提高。在遥感图像上，断裂构造通常以控制区域岩性、地形地貌、水系等间接方式显示出来，而反映在遥感图像上则表现为不同的色调、影纹形态、地貌特征等。

（一）色调标志

断裂两侧地质体的波谱响应特征存在差异或断裂构造本身具有独特的波谱响应特征，在遥感影像上具有如下特征：

（1）在影像上沿断裂构造走向存在一个色调或不同色彩的分界面（或带），两侧色调深浅差异或色彩不同（图 12-2）。

（2）在比较均一的背景色调上，出现一条与背景色调（色彩）有显著差异的色调异常线，或色调异常带（图 12-3），或色调异常面（图 12-4）。

图 12-2　色调或色彩分界面

图 12-3 色调异常带（黄色调）

图 12-4 色调异常面

（二）地貌标志

遥感影像上断裂的地貌标志有两类：一是断层三角面、断层崖的线状展布，以及河谷、山脊线的错断等构造地貌标志；二是一系列微地貌、活动异常点的线状展布，或呈线状延伸的负地形。

（1）两种不同类型的地貌单元呈直线状或折线状截然相接。

（2）陡崖、陡坎、断层三角面等呈直线状断续延伸一定距离（图 12-5）。

（3）山脊线、阶地、洪积扇等地貌要素的错动。

（4）呈线状展布的低洼地形，如平直延伸较远的线状沟谷或深切沟谷（图 12-6），与断裂构造有关的负地形不同于一般的侵蚀负地形，其具有明显的方向性，延伸规模一般较大，有时成组出现，平行分布（方洪宾等，2010）。

图 12-5 断层三角面影像特征

图 12-6 线状沟谷影像特征

（三）水系标志

水系的类型、疏密程度、流向等特点受断裂构造的影响和控制比较明显。水系解译是构造解译（尤其是新构造、活动断层解译）的重要技术手段之一。断裂构造水系解译的主要标志包括：①对流水系、倒钩状水系等特殊水系类型。②水系局部河段出现异常，如直线、折线河段和直角状急转弯河段，长而直的峡谷，河道突然加宽或变窄等。③水系河网的整体错动。④河流局部出现直线或折线延伸的陡崖等。

测区水系较为发育，遥感图像上河道急弯（图 12-7）及异常汇流（图 12-8）等现象在沉积岩区较为发育，指示了断裂构造的存在。

图 12-7　断裂构造控制的河道急弯影像特征

图 12-8　断裂构造控制的异常汇流影像特征

（四）地层标志及断层性质的解译

地层等地质体影像被切开、错断；影像面在延伸方向上突然被截止，或不同影像体具有一段异常的平直边界；不同色调、影纹走向的影像面直接接触；相同影像体的重复或突然缺失。例如，调查区灰白色影像体（灰岩夹层）被明显错断，指示了逆断层的存在（图 12-9）；不同色调、影纹走向的影像体（下石炭统野云沟组）直接接触（图 12-10），根据区域地层及构造特征，则可能指示了多期断层的发育。不同影像体沿走向相切（下石炭统野云沟组）（图 12-11）。灰色调影像体（野云沟组灰岩与碎屑岩互层）突然消失（图 12-12），表明正断层造成了地层缺失。

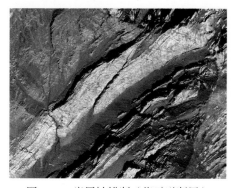

图 12-9　岩层被错断（指示逆断层）

图 12-10　不同色调、影纹走向的影像体直接接触

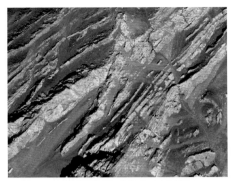

图 12-11　影像体沿延伸方向被截切　　　　图 12-12　灰色调影像体（灰岩与
　　　　　　　　　　　　　　　　　　　　　　　　　　　碎屑岩互层）缺失

三、节理构造解译及解译标志

　　节理是指岩石中的裂隙，岩石遭到破坏而未发生明显的位移。由于节理与断层本质上相似，因此具有相近的遥感影像特征。节理发育规模一般比断层要小，通常在高分辨率遥感影像才能得到较好的反映；中低分辨率的影像上可以反映节理密集程度及规模。

　　利用遥感进行节理解译通常包括如下几项内容：①观察节理的分布、产状、群组特征；②分析节理性质、发育密度、充填特征、组合型式；③分析区域断裂的性质及与节理的关系，确定不同节理形成的地质构造过程及构造背景。

　　节理通常具有如下影像特征：呈线性、成组出现、剥蚀后形成负地形、常有岩脉贯入而呈现深色或浅色线状色带等。脆性岩石易形成密集的节理，软弱岩层则较少发育节理。测区沉积岩分布广泛，其中西域组砾岩中北西－南东向和近南北向两组节理较为发育，并且在遥感影像上能够明显地反映出来（图 12-13）。在 WorldView-2 遥感影像上，近南北向节理明显截切和限制北西－南东向节理（图 12-14），表明北西－南东向节理形成时代较早，近南北向节理形成时代相对较晚，与野外地质实际吻合度较高。

图 12-13　西域组两组节理 WorldView-2 影像　　　图 12-14　西域组两期节理截切关系
　　　　　　　　　　　　　　　　　　　　　　　　　　　　WorldView-2 影像

四、多源遥感数据综合研究

构造解译效果对比显示，中低分辨率遥感数据适合开展宏观构造解译或构造格架研究，高分遥感数据在小尺度的露头构造解译方面体现出明显的优势。例如，研究区选择 SPOT6 遥感数据用以研究区域性逆冲推覆构造；WorldView-2 影像开展褶皱、断层、节理等构造形迹解译［图 12-15（a）、（b）］；WorldView-3 影像分析层劈关系［图 12-15（c）］和劈理期次等［图 12-15（d）］。结果表明，本次利用中高分辨率遥感数据进行综合解译能够明显提高构造解译程度。

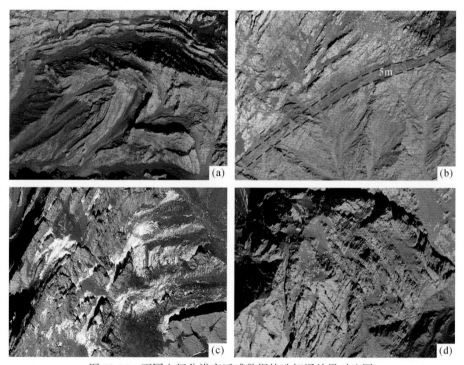

图 12-15　不同空间分辨率遥感数据构造解译效果对比图

（a）斜歪倾伏褶皱影像（WorldView-2 数据）；（b）断层破碎带影像（WorldView-2 数据）；（c）层理、劈理构造关系影像（WorldView-3 数据）；（d）两期劈理构造影像（WorldView-3 数据）

五、路线地质调查及剖面测制

通过遥感构造解译、路线地质调查和关键区段的构造剖面测制工作对解译的遥感影像单元进行验证，对各影像单元所代表的构造（或组合）进行野外观测和综合分析。查明各种构造形迹（褶皱、断裂、各种面状和线状构造等）的几何学特征（规模、产状），并结合调查结果对各构造要素的运动学特征综合判断，根据截切关系、构造年代学等工作判断构造置换、形成序次和组合特征，从而建立区域构造变形序列和格架。相关调查研究内容见本章第三、第四节。

第三节 构造变形期次及变形序列研究

一、构造期次划分及变形序列

调查表明，研究区可划分为两个构造层：中泥盆统—下二叠统构造层、上新统—下更新统构造层，二者构造样式差异明显。研究区经历了多期构造叠加改造，识别出5期构造（查显锋等，2017）。

（一）第一期构造变形（D_1）

D_1 期变形为逆冲推覆构造，是研究区识别出的最早期变形，为现存的主构造期构造形迹，发育于南天山山前断裂以北的中泥盆统—下二叠统构造层，表现为南天山构造带由北向南的逆冲作用。逆冲推覆构造内部发育不同级别和规模的断裂 - 褶皱带，变形呈现明显的规律性。根据大套地质体的规律性变形及其边界大型断裂划分出若干逆冲推覆体，大致可将该逆冲推覆构造由南向北划分为3个逆冲推覆体（带）：夏特萨依逆冲断褶带（图12-16 中 F_1、F_2 之间）、阿克塔希逆冲推覆体（F_2、F_3 之间）、克拉艾依 - 喀伊车山口褶皱带（F_3、F_4 之间）。

（1）夏特萨依逆冲断褶带，主要发育于甘草湖组、野云沟组、阿衣里河组，特别是甘草湖组和野云沟组薄层灰岩、粉砂岩中走向近东西的由北向南的逆冲断裂 - 褶皱构造十分发育，紧闭同斜褶皱及逆冲断层构成逆冲叠瓦构造［图12-17（a）］。逆冲断褶带内不同岩性层间的顺层剪切作用明显，如厚层灰岩与薄层粉砂岩间发育不协调褶皱［图12-17（b）］，具有由北向南逆冲推覆的运动学指向。

（2）阿克塔希逆冲推覆体，主要由厚层灰岩、生物碎屑灰岩等组成，总体呈单斜产出，层序相对连续，由南东向北西地层时代变新，变形相对较弱，部分层位产腕足类、珊瑚及海百合茎化石，且保存完好。该套厚层灰岩构成南天山逆冲推覆构造中一个相对连续、变形较弱的推覆体，与南侧甘草湖组之间断裂接触，局部叠加韧性剪切的构造形迹。

（3）克拉艾依 - 喀伊车山口褶皱带，出露规模较大，主要卷入的地层单元为下石炭统—下二叠统。遥感资料及填图结果显示，区域主构造线方向为北东 - 南西向，平面上沿北西向地层重复，褶皱极为发育，褶皱枢纽与构造线方向一致（图12-16）。宏观上，该褶皱带中的褶皱轴面向北陡倾，呈近对称的褶皱形态，而在褶皱的不同部位因岩性差异导致变形样式、变形程度具有明显差异：在同一背斜的两翼和核部，上部阿衣里河组厚层灰岩褶皱核部呈山谷状地形，两翼厚层灰岩变形较弱；核部出露的薄层灰岩次级褶皱十分发育，形成紧闭褶皱，局部强劈理化（图12-18）。总体上，克拉艾依 - 喀伊车山口褶皱带呈复

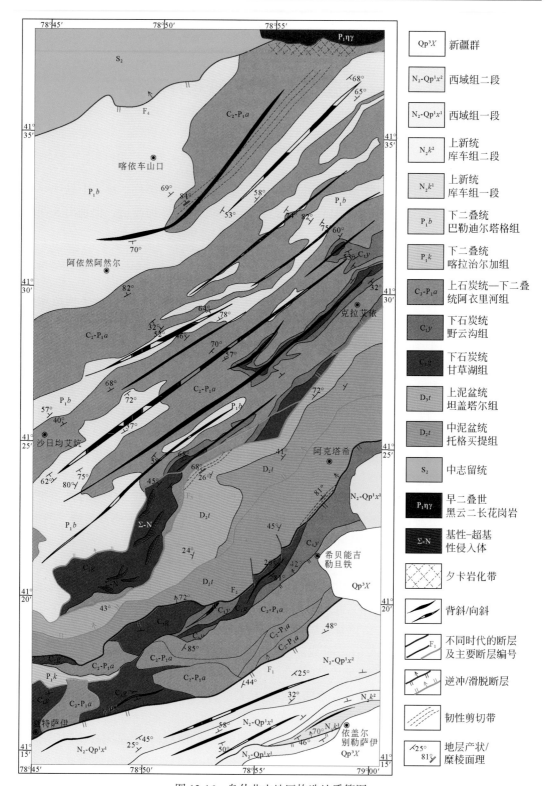

图 12-16 乌什北山地区构造地质简图

式褶皱的变形特征：厚层灰岩能干性强，总体变形弱，能够有效反映该带内主要褶皱构造；薄层灰岩、粉砂岩变形相对复杂，形成多个（次级）褶皱［图12-19（a）］，褶皱翼部劈理发育，劈理置换强烈［图12-19（b）］。因此，北段褶皱带总体是由褶皱构造控制该带内地层展布，而且这些不同的构造形迹是构成同一褶皱的不同构造要素，属于同一变形过程中形成的构造形迹。

（二）第二期构造变形（D_2）

D_2期变形为左行走滑构造，主要发育于中泥盆统—下二叠统构造层。北侧克拉艾依－喀伊车山口褶皱带中间隔发育韧性剪切断层。图12-16中F_2、F_3断裂为叠加在早期逆冲断裂之上的走滑剪切作用，表现为强均一化条带状灰岩、糜棱岩等，在显微镜下糜棱岩方解石碎斑中发育波状消光［图12-17（c）］，表明其可能为韧性状态下应力改造所致（钟文华，1982）。该期走滑断裂多发育于先期断裂部位，局部卷入粉砂岩并形成构造透镜体［图12-17（d）］，具有北东－南西向左行走滑的运动学指向。

图 12-17　西南天山乌什北山地区不同构造部位的构造变形特征

（a）薄层灰岩紧闭同斜褶皱构成的叠瓦构造；（b）岩性差异层强烈的顺层剪切作用；（c）糜棱岩中大理岩碎斑的波状消光；（d）走滑剪切带中的构造透镜体（平面，指示左行走滑）；（e）截切早期面埋的雁列状张节理，并被方解石脉充填；（f）西域组砾岩北侧发育的构造破碎带；（g）西域组砾岩北侧产状陡立；（h）库车组发育的宽缓褶皱

图 12-18　西南天山石炭系中发育的不同尺度褶皱构造

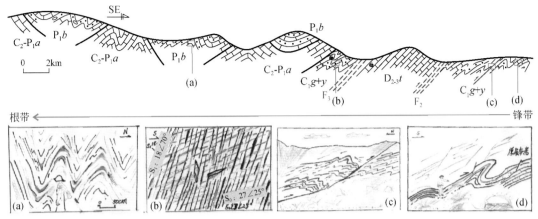

图 12-19　西南天山构造带构造变形样式及不同部位构造变形特征

（a）薄层灰岩－粉砂岩中发育的中常褶皱；（b）褶皱一翼薄层粉砂岩中发育的褶皱劈理强烈置换层理（铅笔方向示 S_0，记录本方向示 S_1）；（c）薄层灰岩中的紧闭同斜褶皱－断裂带构成的叠瓦构造；（d）顺层剪切变形

（三）第三期构造变形（D_3）

D_3 期变形为伸展滑脱构造，发育于中泥盆统—下二叠统构造层中。填图结果表明，该期伸展断层多表现为劈理化带及脆性破碎带，截切或叠加早期逆冲、走滑断层。如图 12-16 中 F_3 断层表现为多期活动的特征，断层附近大理岩中发育雁列式张节理，沿节理发育方解石脉［图 12-17（e）］，脉体产状向北陡倾，截切早期糜棱面理，表明其为后期的脆性高角度伸展构造。平面上，该期断裂造成断裂两侧泥盆系—下二叠统局部缺失（图 12-16）。

（四）第四、第五期构造变形（D_4、D_5）

D_4 期变形即以山前断裂（F_1）及晚新生代地层褶皱为代表的构造变形，并叠加改造晚古生代地层及其中的早期变形。其中 F_1 断裂表现为大规模的北东东向构造破碎带［图 12-17（f）］，反映了南天山构造带向塔里木盆地一侧的逆冲构造。

研究区西域组—库车组发育一系列走向北东东的褶皱断裂构造，靠近断层的西域组砾岩产状陡立［图 12-17（g）］，由北向南产状由陡倾变得宽缓［图 12-17（h）、图 12-20］，褶皱枢纽呈北东东走向，近平行于山前断裂。在 F_1 北部的泥盆系—下二叠统构造层中，该期断裂叠加改造早期断裂，如 F_2 断裂两侧出露的西域组底界的高程相差约 1000m，表明该断裂晚期活化，且逆冲幅度巨大。

D_5 期构造为北北西—近南北向走滑断裂系。主要表现为截切早期地层及断裂，规模较小（如图 12-16 中截切 F_2 的走滑断裂）。测区内北西向发育于水系两侧地质体中的构造破碎带和节理可能为同期构造的产物，为研究区最晚期构造。

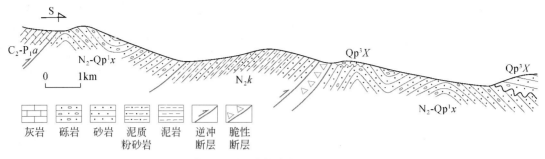

图 12-20 依盖尔别勒萨依库车组—西域组构造剖面

（五）构造变形样式

南天山构造带主体发育逆冲推覆构造。由南向北划分出 3 个逆冲推覆体：夏特萨依逆冲断褶带呈一系列低角度叠瓦状逆冲推覆构造［图 12-19（c）、（d）］；阿克塔希逆冲推覆体整体为单斜产出，变形相对较弱；克拉艾依‐喀伊车山口褶皱带以中常褶皱、复式褶皱构造发育为典型特征。总体上，各推覆体中均保留沉积层理，化石保存完好，构造变形程度不高，呈"有序地层"的沉积‐构造特征。综合分析认为研究区南天山构造带变形特征所反映的总体变形样式为所处的同一逆冲推覆构造的不同部位所致：由南向北代表了逆冲推覆构造由前锋带至根部带的变化规律（图 12-19）。

乌什北山山前断陷盆地上新统—更新统被北侧晚古生代地层逆冲推覆，发育若干个褶皱构造，由北向南变形减弱（图 12-20），表明该套地层褶皱与山前断裂具有成因上的相关性，可能为逆冲断裂构造致使西域组—库车组发生褶皱，二者可能为同一构造体制下的产物。

综上所述，5 期构造变形可划归为两个构造旋回：一是北侧泥盆系—二叠系基岩中发育的逆冲推覆‐左行走滑‐滑脱伸展构造；二是以新生代盆‐山构造体系下的变形为代表的新构造运动。二者在构造变形样式、变质‐变形层次及其大地构造背景等方面都具有显著差别。

二、构造地貌

构造地貌是受地质体与地质构造控制的地貌，起因于地球内力作用，后受外力作用改造。既可从构造解释地貌的形成过程推断构造，亦可从地貌推断构造。现代构造地貌研究已不限于单纯地描述一个地区的地形和静态构造的关系，而是着重探讨不同地区和全球性新构造运动对地形的影响。新构造运动按其运动方向可分垂直运动和水平运动。地壳垂直运动使地形产生高低变化，表现为上升的山地、丘陵、高原或台地，下降的平原或盆地。也反映在水系的排列形式上，如地面大面积倾斜上升形成平行状水系，局部的隆起和凹陷依次形成放射状水系和向心状水系，沿穹状隆起的边缘形成环状水系。间歇性上升运动可能形成阶梯状的地貌，如山麓阶梯、河流阶地等（陈锐明等，2017）。这些特殊的地形地貌在遥感影像上有良好的显示，为构造形迹的遥感解译提供了良好的素材。

构造地貌学还利用与地貌学密切相关的沉积学方法研究新构造运动。在新的褶皱隆起或断块上升区，新的沉积层因被抬升而有清楚的露头；在新的沉降区，新沉积层隐伏地面以下，且厚度很大。根据新地层的厚度和地质年龄，估算该沉降区的沉降幅度和速率是现行可靠的方法。高山峡谷区多位于新构造运动强烈的青藏高原及周缘地区，尤其是山盆相邻地带，不仅山高谷深，而且十分发育与新构造伴生的晚新生代沉积。既可从构造解释地貌的形成过程，亦可从地貌解析构造的时代、位移量及速率。下面以研究区所在的西南天山山前地区为例介绍。

（一）地貌分析

乌什北山滚滚铁列克河方圆10km以内，西域组底部的海拔相差悬殊，其中北部两处西域组位于山顶，角度不整合于上古生界之上，底部海拔分别为2000余米和3000余米，明显高于南部整合于库车组之上的西域组底部海拔。库车组磁性地层年龄为5.3～3.4Ma，属上新统下部；西域组磁性地层年龄为3.4～1.6Ma，属上新统上部—下更新统；新疆群依据阶地地貌特征划归晚更新世地层（滕志宏等，1997）。

在滚滚铁列克河的山口处，除了山顶上分布的西域组，在河谷还分布有全新统构成的河床和新疆群构成的阶地（图12-21）。通过对这三套地层顶部和底部海拔的观测（图12-22），得到以下基本数据。

（1）河床海拔2130m，阶地顶面海拔2180m，可以得到残存的新疆群顶部海拔2180m；底部海拔低于2130m，因此该地西域组沉积厚度大于50m。

（2）西域组在河谷东、西两侧的山顶均有分布，而在二者之间发育逆冲断层（对应图12-21中的F_3断层），两处的西域组分别位于该断层的上盘和下盘。由于断层上盘隆升幅度更大，因此，西侧（上盘）比东侧（下盘）的西域组底界高度更高。东侧的西域组底界海拔2550m，顶部海拔2910m，残存的地层厚度为360m；西侧的西域组底界海拔3490m，顶部海拔3720m，残存的地层厚度为230m。考虑到位于山顶的西域组的强烈剥蚀，且剥蚀强度与地形的高度和陡峭程度成正比（西侧比东侧的西域组残存厚度小，剥蚀作用更强），西域组的残存厚度应远小于其原始沉积厚度。在研究区南部的实测剖面中，西域组厚度大于1508m（未见顶）。因此，该处的西域组原始沉积厚度至少应接近于1508m。

根据以上基本观测数据，对测区侵蚀地貌进行计算可以获得以下结果（陈锐明等，2017）：

（1）中更新世侵蚀地貌，考虑到山顶的西域组被大量剥蚀，在河谷东侧，河流下切深度（H_1）计算如下：

西域组沉积顶面的现今海拔＝西域组底界海拔＋西域组原始沉积厚度，因此：

H_1＝西域组沉积顶面的现今海拔－新疆群底界海拔≈（2550＋1508）－2180≈1878（m）

需要说明，由于西域组原始沉积厚度只是推算值，且新疆群未见底，计算出的河流下切深度（H_1）为1878m，仅是近似值［图12-22（c）］。

前已述及，西域组原始沉积厚度（1508m）与现在山顶的残存厚度（230m、360m）相差 1148 ～ 1278m。在河谷西侧，由于 F_3 逆冲断层的作用，西侧相较于东侧的西域组抬升幅度更大。逆冲断层上盘较下盘垂向抬升高度（H_2）为上盘与下盘的西域组底界海拔之差。据此，河谷西侧的河流下切深度（H_3）计算如下 [图 12-22（c）]：

$$H_2 = 上盘的西域组底界海拔 - 下盘的西域组底界海拔 = 3490 - 2550 = 940（m）$$

$$H_3 = H_1 + H_2 = 1878 + 940 = 2818（m）$$

（2）全新世侵蚀地貌，据野外观察，全新世以侵蚀作用为主，沉积作用较弱，全新统厚度较小，河流下切深度略大于阶地陡坎高度（50m）[图 12-22（c）]。

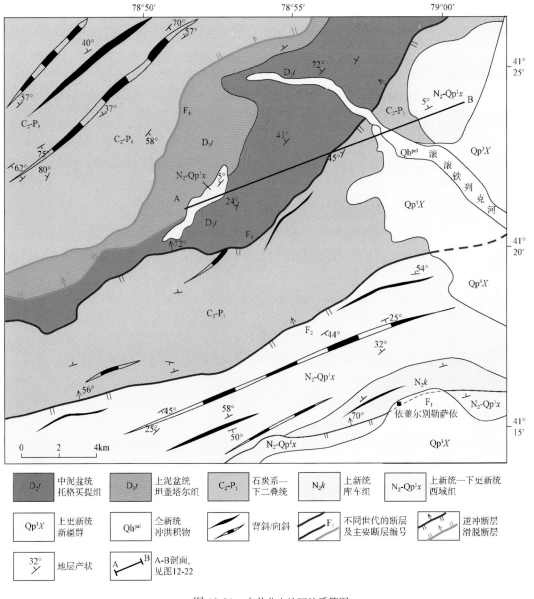

图 12-21　乌什北山地区地质简图

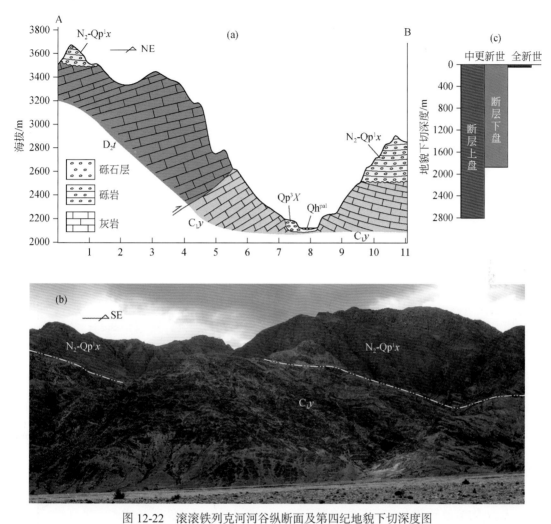

图 12-22　滚滚铁列克河河谷纵断面及第四纪地貌下切深度图

（a）滚滚铁列克河河谷纵断面；（b）河谷东侧山顶的西域组角度不整合于下石炭统之上；（c）第四纪地貌下切深度图

（二）构造解析

从图 12-22（a）可见，西域组、新疆群、全新统之间呈冲刷侵蚀接触关系，表明在西域组与新疆群沉积期间的中更新世和全新世这两个时期河流下切，形成侵蚀地貌。当山体隆升，使地形高出侵蚀－堆积基准面，沉积作用停止，侵蚀作用开始，河流下切，直至地形低于侵蚀－堆积基准面，下次沉积作用开始（游长江，1997）。因此，上次沉积物顶面与下次沉积物底面的高差代表了这次侵蚀地貌过程中河流下切的深度。由此，根据对以上三套地层的顶、底海拔的测算结果，可计算出滚滚铁列克河在中更新世和全新世两个侵蚀地貌过程中的下切深度，即代表了乌什北山的隆升幅度。

对滚滚铁列克河的地貌分析表明，乌什北山构造隆升在西域组沉积之后的中更新世时期更为强烈，由沉积地貌转为侵蚀地貌，发生了强烈的河流侵蚀下切。上节计算的中更新世河流下切深度即代表了相应的山体隆升幅度。F_3 断层东南侧山体隆升了 1878m，是由以南天山山前断裂为代表的褶皱冲断构造所致；F_3 逆冲断层在早更新世的活化导致其西北侧山体（上盘）隆升幅度在东南侧山体（下盘）的基础上增加了 940m，达 2818m。晚更新世砾石层（库车组）的沉积表明，乌什北山隆升速度相对减小，由侵蚀地貌转为沉积地貌。全新世隆升速度再次加快，河流侵蚀下切形成阶地和陡坎，再次成为侵蚀地貌，只是地貌下切深度（约 50m）远远小于中更新世自山顶至现代河床之下的下切深度，也远小于现今高山峡谷地貌 1000m 以上的高差。因此，乌什北山的高山峡谷地貌主体形成于中更新世，而受全新世构造地貌演化的影响较小。其形成原因是中更新世发育的褶皱冲断构造及早期的逆冲断层复活，并不断向盆地方向扩展，导致山体快速大幅隆升，地形大大高于侵蚀－堆积基准面，在强烈的河流侵蚀下切作用下形成高山峡谷地貌。

西域组巨厚砾岩的出现说明西南天山在上新世晚期（3.4Ma）开始快速隆升。中更新世的大幅度构造隆升不仅表现在西南天山，而且影响到了整个青藏高原，被命名为"昆仑－黄河运动"（崔之久等，1997；Cui et al.，1998，2001）。它具有发生突然、抬升幅度大的特点，形成了我国西部现代山盆相间的地貌格局（王国灿等，2002，2003；江樟焰等，2005）。而研究区所在的塔里木盆地北缘，岩石声发射地应力测试表明：喜马拉雅晚期遭受的构造运动最为强烈，与新生代天山隆升有密切关系，印度板块与欧亚板块碰撞是其最主要的动力学因素（张宇航，2012）。

第四节　技术方法评价

（1）构造地质调查采用图像数据特征分析法，选择最佳波段合成图像进行褶皱、断裂、节理调查；针对不同规模、不同期次构造采用多源数据综合研究，分析构造的叠加置换关系，建立不同构造影像单元。

（2）在遥感解译、综合研究的基础上，结合野外地质调查验证，构造影像单元与构造填图单位吻合度较高，结合典型构造剖面分析，建立了调查区构造变形序列。

（3）遥感图像的宏观性、全面性特性弥补了实地调查的不足，有效地提高了高山峡谷区填图的精度和工作效率。本次填图构造调查采用遥感构造地质调查的技术方法切实可行。

第十三章 矿产地质调查

第一节 概　　述

前人根据西南天山造山带内各元素区域地球化学场及异常元素组合等空间分布特征，结合各地质构造单元沉积建造类型、成矿条件和成矿特点，将西南天山成矿带划分为 3 个 III 级成矿带和 10 个 IV 级成矿（区）带（赵仁夫等，2002；杨富全等，2004）。研究区主要位于卡拉脚古牙－托木尔峰锑金锡（铝铜）成矿带内。该带已有矿产包括锑、金、铝土矿、铜、铅、锌、银、锡等，其中金、锑是该成矿带的优势矿种。矿化类型包括低温热液石英脉型锑矿床和金矿化（前者以卡拉脚古牙锑矿床为代表，后者为布庵金矿点）、构造蚀变岩型金矿（卡恰）、热液脉型铅锌银矿点（滚滚铁列克）、微细浸染型金矿化（其吕特克、阿什特勒）、风化壳型铝土矿床（乌什北山）、夕卡岩或云英岩型锡矿化（木札尔特河上游）等。鉴于吉尔吉斯斯坦境内分布若干个与二叠纪酸性侵入岩有关的大型锡矿床及若干中小型金矿床，故木札尔特河上游锡矿化点的发现对边境线一带寻找锡具有指导意义。

从 1：50 万化探异常分布图可以看出，测区范围内 Au、Cu、W、Fe、Zn、Pb、Sb、Ag、As、Sn 等元素有明显区域性富集特征，构成了一个高背景区。但由于高山峡谷区化探采样的局限性及化探工作比例尺过小等因素，资料的可利用程度不高。因此，本次在地质调查过程中开展基于多光谱遥感数据的矿化蚀变信息提取，结合区域地质背景，圈定找矿有利地段。通过野外异常查证，发现矿化线索多处，提高了矿产资源调查研究程度。

第二节 有效技术方法选择及应用效果

一、基于多光谱遥感数据的矿化蚀变信息提取

矿化蚀变信息提取是高山峡谷区填图的重要内容之一，也是重要的找矿标志，矿化蚀变岩石和蚀变矿物的波谱特征与其他地物的波谱特征有明显差异，因此，遥感矿化蚀变信息提取是最为快捷有效的方法之一。研究认为 ASTER、TM/ETM 等遥感数据可识别的蚀变矿物主要分为三类：①铁的氧化物、氢氧化物和硫酸盐，包括褐铁矿、赤铁矿、针铁矿

和黄钾明矾；②羟基矿物，包括黏土矿物和云母；③水合硫酸盐矿物和硫酸盐矿物。目前，基于 ASTER、TM/ETM 等多光谱遥感数据的矿化蚀变信息定量和半定量研究方面已形成相对完善的技术方法体系（田淑芳和詹骞，2013）。

（一）ETM 数据矿化蚀变信息提取

本试点项目针对 ETM 数据采用比值法、主成分分析法开展矿化蚀变信息提取，对比其在高山峡谷区蚀变信息提取方面的优劣性。波段比值法是一种经常被用来提取含羟基蚀变矿物及氧化物的基本方法，实质上该方法是基于含 Fe_2O_3 风化壳或铁帽的一般色彩特征（张兵等，2008）。本书采用 ETM3 /ETM1 区分 Fe^{3+} 氧化物含量的高低和提取铁染信息［图13-1（a）］，利用 ETM5 /ETM7 值提取含羟基蚀变矿物信息［图 13-1（c）］。主成分分析法本质即压缩多光谱信息中遥感变量的数目，通过一定的数学重组形式在多光谱上形成内在联系较为合理或地质意义更为明确的新变量或主成分（张兵等，2008）。本项目采用

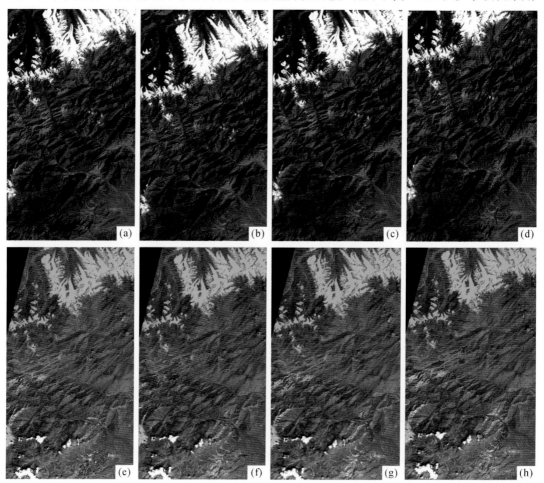

图 13-1　ETM 和 ASTER 遥感数据矿化蚀变信息对比图
（a）ETM 比值法铁染异常信息；（b）ETM 主成分分析法铁染异常信息；（c）ETM 比值法羟基异常信息；
（d）ETM 主成分分析法羟基异常信息；（e）ASTER 主成分分析法铁染异常信息；（f）第一组羟基异常信息；
（g）第二组羟基异常信息；（h）CO_3^{2-} 离子团异常信息

ETM1、ETM3、ETM4、ETM5 四个波段进行主成分分析提取铁化蚀变，舍弃 ETM7 波段（为了避免含羟基和碳酸根矿物的干扰），依据特征向量组合特征（表 13-1），选取 PC3 作为"铁组图像"，采用门限化技术，进行高值切割来获得铁染异常信息图像［图 13-1（b）］。提取羟基异常时选用 ETM1、ETM4、ETM5、ETM7 四个波段进行主成分分析，依据特征向量组合特征（表 13-2），选取 PC4 作为"羟基图像"，进行低值切割来获得羟基异常信息图像［图 13-1（d）］。由异常图可见，主成分分析法相对于比值法提取的蚀变矿物种类相对多，经过野外验证吻合程度较高。

表 13-1　ETM1、ETM3、ETM4、ETM5 波段主成分变换特征向量矩阵

主成分	ETM1	ETM3	ETM4	ETM5
PC1	0.45460	0.55101	0.47559	0.51336
PC2	−0.55332	−0.39852	0.24776	0.68821
PC3	−0.10604	0.38590	−0.80948	0.42962
PC4	−0.68988	0.62342	0.23910	−0.27974

表 13-2　ETM1、ETM4、ETM5、ETM7 波段主成分变换特征向量矩阵

主成分	ETM1	ETM4	ETM5	ETM7
PC1	0.46652	0.50298	0.55470	0.47083
PC2	0.77310	0.16771	−0.47247	−0.38855
PC3	−0.40502	0.80432	−0.02006	−0.43431
PC4	0.14367	−0.26823	0.68460	−0.66237

（二）ASTER 数据矿化蚀变信息提取

相对 ETM 数据，ASTER 数据波段多、波段范围窄、地面分辨率高。本次针对 ASTER 数据采用主成分分析法开展矿化蚀变信息提取，根据离子（基团）的诊断性波谱特征，选择 ASTER1、ASTER2、ASTER3、ASTER4 波段按照主成分分析法提取 Fe^{3+} 信息，主成分分析特征向量矩阵见表 13-3。第四主成分（PC4）图像中包含了较多的铁染信息，采用门限化技术，进行高值切割来获得铁染异常信息图像［图 13-1（e）］。

调查区含羟基的蚀变矿物主要有高岭土、伊利石、绢云母、绿泥石、绿帘石、黑云母、方解石等，根据蚀变矿物反射光谱曲线的特征吸收谱带，可将其分为两组，采用主成分分析法开展矿化蚀变信息提取。蚀变矿物波谱曲线与 ASTER 数据波段的对应关系显示：第一组蚀变矿物（包括高岭土、伊利石与绢云母）在 ASTER5、ASTER6 波段具有中强吸收；第二组蚀变矿物（包括方解石、黑云母、绿泥石、绿帘石）在 ASTER8 波段有强吸收。因此，本次选择 ASTER1、ASTER3、ASTER4、ASTER（5+6）/2 波段提取第一组含羟基的蚀变矿物；选择 ASTER1、ASTER3、ASTER4、ASTER8 波段提取第二组含羟基的蚀变矿物。

主成分分析特征矩阵表（表 13-4）显示，ASTER4 的系数与 ASTER3、ASTER（5+6）/2

的系数符号相反，与 ASTER1 的系数符号相同。PC4 为含有蚀变矿物信息的分向量，聚集了蚀变遥感异常信息，从而利用第四主分量图像进行低值切割，进行异常滤波来获得第一组羟基异常信息图像 [图 13-1（f）]。根据主成分分析特征向量矩阵表（表 13-5），选取 PC4 为羟基异常主分量（聚集了蚀变矿物信息）对第四主分量图像进行低值切割，进行异常滤波来获得第二组羟基异常信息图像 [图 13-1（g）]。

运用同样的方法，选择 ASTER1、ASTER3、ASTER4、ASTER5 波段，提取与含 CO_3^{2-} 离子团矿物相关的蚀变遥感异常信息，特征向量矩阵见表 13-6，选取 PC4 为羟基异常主分量，对第四主分量图像采用门限化技术，进行高值切割来获得 CO_3^{2-} 离子团异常信息图像 [图 13-1（h）]。

表 13-3　ASTER1、ASTER2、ASTER3、ASTER4 波段主成分变换特征向量矩阵

主成分	ASTER1	ASTER2	ASTER3	ASTER4
PC1	−0.32791	−0.36411	−0.46219	−0.73910
PC2	0.52264	0.53843	0.20825	−0.62736
PC3	0.24623	0.37636	−0.85951	0.24283
PC4	−0.74746	0.66020	0.06524	−0.03442

表 13-4　ASTER1、ASTER3、ASTER4、ASTER（5+6）/2 主成分变换特征向量矩阵

主成分	ASTER1	ASTER3	ASTER4	ASTER（5+6）/2
PC1	0.29182	0.41810	0.68145	0.52503
PC2	0.63120	0.57799	−0.30069	−0.42084
PC3	−0.51442	0.35968	0.47487	−0.61685
PC4	−0.50180	0.60146	−0.46873	0.40833

表 13-5　ASTER1、ASTER3、ASTER4、ASTER8 主成分变换特征向量矩阵

主成分	ASTER1	ASTER3	ASTER4	ASTER8
PC1	0.29166	0.41401	0.68170	0.52803
PC2	0.49962	0.64353	−0.17682	−0.55225
PC3	0.70933	−0.30017	−0.46186	0.43982
PC4	−0.40270	0.56953	−0.53918	0.47197

表 13-6　ASTER1、ASTER3、ASTER4、ASTER5 主成分变换特征向量矩阵

主成分	ASTER1	ASTER3	ASTER4	ASTER5
PC1	0.28050	0.39882	0.65579	0.57637
PC2	0.57972	0.64566	−0.27923	−0.41119
PC3	−0.70521	0.53074	0.29824	−0.36338
PC4	0.29652	−0.37733	0.63484	−0.60554

　　新疆乌什北山试点填图项目利用 ETM 和 ASTER 数据开展矿化蚀变信息提取，结果显示主成分分析法相对比值法提取的蚀变矿物种类多，野外验证吻合程度较高。在岩性和矿物识别非常有效的短波红外和热红外区域，ASTER 数据较 ETM 数据具有更多的波段，实践证实其在矿化蚀变信息识别上具有更大的优势。

二、异常查证

　　本次主要采用主成分分析法对 ASTER 数据进行铁染、Al-OH 基团矿物及 Mg-OH 基团矿物等矿化蚀变信息提取。将矿化蚀变信息提取结果与 ASTER 热红外 SiO_2 含量较高的区域进行叠合分析，结合区域成矿地质背景，共圈定三个有利找矿地段，经野外异常验证，发现锑矿化点、金矿化点、铝土矿各一处。

（一）锑矿点

　　异常区内地层岩性组合以浅灰绿色（风化面或呈灰黄色）厚层状钙质粉砂岩、粉砂质灰岩夹灰黑色薄层状灰岩（部分变质为板岩或千枚岩）为主，岩层受构造影响变形较强，多发生碎裂岩化或糜棱岩化。矿石以原生矿石为主，主要金属矿物为辉锑矿、黄铁矿、黄铜矿等，脉石矿物以石英、方解石、黏土矿物为主；围岩蚀变以黄铁矿化、绢云母化、硅化、绿泥石化为主；锑矿化主要呈浸染状、条带状、角砾状、团块状、块状和网脉状产于碎裂岩化、黄铁矿化（绢云母化）的灰岩或千枚岩及石英脉中。矿石成因类型为含辉锑矿蚀变岩型和石英脉型两种（图 13-2、图 13-3）。

图 13-2　锑矿化体宏观特征　　　　　　图 13-3　含辉锑矿石英脉型锑矿石

（二）金矿化点

　　异常查证显示，矿化体产于上石炭统—下二叠统阿衣里河组第一岩性段厚层状灰岩的断层破碎蚀变带中（图 13-4），其形态产状及规模严格受断裂破碎带控制，多呈脉状、透镜状分布于断裂构造上盘破碎带部位。矿化体一般宽 5～15m，局部可达 20m 以上。矿石中金属矿物以黄铁矿为主，可分为自形黄铁矿与碎裂状黄铁矿两类（图 13-5），但在显微镜下均未见独立金矿物存在。矿化体围岩蚀变主要为黄铁矿化。经西安地质调查中心实验测试中心检测 Au 品位为 $1.43 \times 10^{-6} \sim 3.06 \times 10^{-6}$，具有较好的找矿潜力。

图 13-4　破碎蚀变岩型金矿化

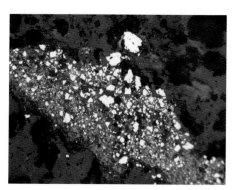

图 13-5　碎裂状黄铁矿

（三）铝土矿床

矿床主要赋存于上石炭统—下二叠统阿衣里河组多个层间侵蚀间断面上，多呈层状-透镜状、脉状；矿石以紫红色为主（图 13-6），少量为红棕色、灰色、灰黑色、黄绿色和白色等杂色。矿石呈致密块状构造，镜下显示矿石结构以鲕粒结构为主（图 13-7）；矿石矿物主要为一水硬铝石（占 65% ~ 85%），次为高岭石、铁质氧化物、黄铁矿、黏土矿物、石英等，局部地段的矿层底部见少量三水铝石；副矿物包括白钛矿、白铁矿、锐钛矿、金红石、电气石、水白云母等。结合前人研究资料，综合初步判断矿床成因为碳酸盐岩古风化壳准原地堆积（沉积）亚型铝土矿。

图 13-6　紫红色铝土矿

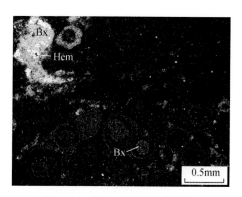

图 13-7　铝土矿呈鲕粒状结构

Hem. 赤铁矿；Bx. 铝土矿

第三节　技术方法评价

多元信息综合找矿是目前矿产地质调查常用的技术手段。遥感矿化蚀变信息提取为区域找矿指明方向，但仍然存在一定的不确定性。本项目在矿化蚀变信息提取的基础上，结合化探、物探、地质等多元信息资料对遥感矿化蚀变信息进行综合分析。在野外查证的基础上发现锑矿点 1 处、铝土矿床 1 处及金矿化线索 1 处，为区域找矿和成矿规律总结提供资料支撑，技术方法有效。

参 考 文 献

毕凯，李英成，丁晓波，等 . 2015. 轻小型无人机航摄技术现状及发展趋势 . 测绘通报，3：37-32.

毕晓佳，苗放，叶成名，等 . 2012. Hyperion 高光谱遥感岩性识别填图 . 物探化探计算技术，34（5）：
　　599-603.

陈江，王安建 . 2007. 利用 ASTER 热红外遥感数据开展岩石化学成分填图的初步研究 . 遥感学报，11（4）：
　　601-608.

陈锐明，查显锋，辜平阳，等 . 2017. 西南天山乌什北山高山峡谷地貌形成过程 . 地质力学学报，23（2）：
　　264-271.

程三友，许安东 . 2013. 遥感地质学实验教程 . 北京：地质出版社 .

崔之久，伍永秋，刘耕年 . 1997. 昆仑—黄河运动的发现及其性质 . 科学通报，42（18）：1986-1989.

邓琳，邓明镜，张力树 . 2015. 高分辨率遥感影像阴影检测与补偿方法优化 . 遥感技术与应用，30（2）：
　　277-284.

方洪宾，赵福岳，和正民，等 . 2002. 1∶250000 遥感地质填图方法和技术 . 北京：地质出版社 .

方洪宾，赵福岳，等 . 2010. 1∶250000 遥感地质解译技术指南 . 北京：地质出版社 .

高俊，钱青，龙灵利，等 . 2009. 西天山的增生造山过程 . 地质通报，28（12）：1804-1816.

高贤君，万幼川，郑顺义，等 . 2012. 航空遥感影像阴影的自动检测与补偿 . 武汉大学学报（信息科学版），
　　37（11）：1299-1302.

辜平阳，陈锐明，查显峰，等 . 2016. 高山峡谷区 1∶5 万地质填图技术方法探索与实践：以新疆乌什北
　　山为例 . 地质力学学报，22（4）：837 -855.

虢建宏，田庆久，吴昀昭 . 2006. 遥感影像多波段检测与去除理论模型研究 . 遥感学报，10（2）：151-
　　159.

何国金，胡德永，陈志军，等 . 1995. 从 TM 图像中直接提取金矿化信息 . 遥感技术与应用，10（3）：
　　51-54.

江樟焰，伍永秋，崔之久 . 2005. “昆仑—黄河运动”与我国自然地理格局的形成 . 北京师范大学学报（自
　　然科学版），41（1）：85-88.

金剑，田淑芳，焦润成，等 . 2010. 基于地物光谱分析的 WorldView-2 数据岩性识别：以新疆乌鲁克萨依
　　地区为例 . 现代地质，27（2）：489-496.

李荣社，计文化，辜平阳，等 . 2016. 造山带（蛇绿）构造混杂岩带填图方法 . 武汉：中国地质大学出版社 .

李永军，梁积伟，杨高学，等 . 2014. 区域地质调查导论 . 北京：地质出版社 .

刘道飞，陈圣波，陈磊，等 . 2015. 以 SiO$_2$ 含量为辅助因子的 ASTER 热红外遥感硅化信息提取 . 地球科

学——中国地质大学学报，40（8）：1396-1402.

刘磊，张兵，周军，等 . 2008. 云南思姑锡矿区地质、化探、遥感多元信息综合找矿 . 地质与勘探，44（5）：
　　23-33.

刘庆生，燕守勋，马超飞，等 . 1999. 内蒙古哈达门沟金矿区山前钾化带遥感信息提取 . 遥感技术与应用，
　　14（3）：7-11.

罗金海，车自成，周新源，等 . 2006. 塔里木盆地西部中生代早期伸展作用的辉绿岩证据 . 中国地质，
　　33（3）：566-571.

罗一英，高光明，于信芳，等 . 2013. 基于 ETM+ 的几内亚铝土矿蚀变信息提取方法研究 . 遥感技术与应用，
　　28（2）：330-337.

马建文 . 1997. 利用 TM 数据快速提取含矿蚀变带方法研究 . 遥感学报，1（3）：208-213.

孙华，林辉，熊育久，等 . 2006. SPOT5 影像统计分析及最佳组合波段选择 . 遥感信息应用技术，（4）：
　　57-60.

孙卫东，陈建明，王润生，等 . 2010. 阿尔金地区高光谱遥感矿物填图方法及应用研究 . 新疆地质，28（2）：
　　214-217.

滕志宏，岳乐平，何登发，等 . 1997. 南疆库车河新生界剖面磁性地层研究 . 地层学杂志，21（1）：55-
　　62.

田淑芳，詹骞 . 2013. 遥感地质学 . 北京：地质出版社 .

王国灿，侯光久，张克信，等 . 2002. 东昆仑东段中更新世以来的成山作用及其动力转换 . 地球科学——
　　中国地质大学学报，27（1）：4-12.

王国灿，吴燕玲，向树元，等 . 2003. 东昆仑东段第四纪成山作用过程与地貌变迁 . 地球科学——中国地
　　质大学学报，28（6）：583-592.

王润生，甘甫平，闫柏琨，等 . 2010. 高光谱矿物填图技术与应用研究 . 国土资源遥感，22（1）：1-13.

王玥，王伟杰，张以春，等 . 2011. 新疆柯坪乌尊布拉克地区晚石炭世—早二叠世鲢类生物地层 . 古生物学报，
　　50（4）：409-419.

新疆地质矿产局地质矿产研究所 . 1991. 新疆古生界 . 乌鲁木齐：新疆人民出版社 .

新疆维吾尔自治区地质矿产局 . 1999. 新疆维吾尔自治区岩石地层 . 武汉：中国地质大学出版社 .

闫柏琨，刘圣伟，王润生，等 . 2006. 热红外遥感定量反演地表岩石的 SiO_2 含量 . 地质通报，25（5）：
　　639-643.

杨长保，朱群，姜琦刚，等 . 2009. ASTER 热红外遥感地表岩石的二氧化硅含量定量反演 . 地质与勘探，
　　45（6）：692-696.

杨富全，王立本，王义天，等 . 2004. 西南天山金锑成矿带成矿远景 . 成都理工大学学报（自然科学版），
　　31（4）：338-344.

游长江 . 1997. 壳体地貌沉积过程初论 . 大地构造与成矿学，21（1）：83-88.

查显锋，陈锐明，辜平阳，等 . 2017. 西南天山乌什北山地区逆冲推覆构造的识别及大地构造意义 . 地质
　　力学学报，23（2）：243-252.

张斌，张志，帅爽，等 . 2015. 利用 Landsat-8 和 WorldView-2 数据进行协同岩性分类 . 地质科技情报，

34（3）：208-213.

张传恒，杜维良，刘典波，等. 2006. 塔里木北部周缘前陆盆地早二叠世快速迁移与沉积相突变：俯冲板片拆沉的响应. 地质学报，80（6）：785-791.

张克信，庄育勋，李超岭，等. 2001. 青藏高原区域地质调查野外工作手册. 武汉：中国地质大学出版社.

张遴信. 1963. 新疆柯坪及其邻近地区晚石炭世的䗴类（Ⅰ）. 古生物学报，11（1）：36-70.

张遴信，周建平，盛金章. 2010. 贵州西部晚石炭世和早二叠世的䗴类. 北京：科学出版社.

张宇航. 2012. 新生代天山隆升与塔里木盆地北缘现今构造面貌关系——来自岩石声发射的证据. 地质力学学报，18（2）：140-148.

张玉君，杨建民，陈薇. 2002. ETM（TM）蚀变遥感异常提取方法研究与应用——地质依据和波谱前提. 国土资源遥感，14（4）：30-37.

张媛，张杰林，赵学胜，等. 2015. 基于峰值权重的岩心高光谱矿化蚀变信息提取. 国土资源遥感，27（2）：154-159.

张远飞，吴德文，袁继明，等. 2001. 遥感蚀变信息多层次分离技术模型与应用研究. 国土资源遥感，23（4）：6-13.

张梓歆. 1988. 天山早石炭世地层及腕足类组合. 新疆地质，6（4）：59-67.

赵仁夫，杨建国，王满仓，等. 2002. 西南天山成矿地质背景研究及找矿潜力评价. 西北地质，（4）：101-121.

赵元洪，张福祥. 1991. 波段比值的主成分复合在热液蚀变信息提取中的应用. 国土资源遥感，3（3）：25-31.

钟文华. 1982. 一些矿物的波状消光特征及其意义. 矿物学报，（4）：305-311.

周军，陈明勇，高鹏，等. 2005. 新疆东准噶尔蚀变矿物填图及多元信息找矿. 国土资源遥感，17（4）：51-55.

Andersen T. 2002. Correction of common lead in U-Pb analyses that do not report [204]Pb. Chemical Geology，192（1-2）：59-79.

Cui Z J，Wu Y Q，Liu G N，et al. 1998. On Kunlun-Yellow river tectonic movement. Science in China（Ser. D），41（6）：53-59.

Cui Z J，Wu Y Q，Liu G N，et al. 2001. Quaternary geomorphologic evolution of the Kunlun pass area and uplift of the Qinghai-Xizang（Tibet）plateau. Geomorphology，36（3）：203-216.

Etemadnia H，Alsharif M R. 2003. Automatic image shadow identification using LPF in Homomorphic Processing System Ⅶ digital image computing. Techniques and Applications，Sydney，3174：429-438.

Hamilton V E，Wyatt M B，Mcsween H Y. 2001. Analysis of terrestrial and Martian volcanic composition using thermal emission spectroscopy：2. Application to Marface spectral from the Mars global surveyor thermal emission spectrometer. Journal of Geophysical Research，106（E7）：14733-14746.

Ludwig K R. 2003. 3. 0-A geochronologycal toolkit for Microsoft Excel. Berkeley Geochronology Certer，Special Publication，（4）：1-70.